爸比, 我还要吃!

超级奶爸全营养宝宝餐

瀚可爸爸 著

U0338394

海峡出版发行集团
THE STRAITS PUBLISHING & DISTRIBUTING GROUP

福建科学技术出版社
FUJIAN SCIENCE & TECHNOLOGY PUBLISHING HOUSE

著作权合同登记号：13-2015-012 号

原书名：瀚克宝宝的安心全营养副食品

原著者：瀚可爸爸

本书通过四川一览文化传播广告有限公司代理，经采实文化事业股份有限公司授权福建科学技术

出版社在中国大陆地区出版、发行中文简体字版，未经许可不得以任何形式复制或转载。

图书在版编目（ＣＩＰ）数据

爸比，我还要吃：超级奶爸全营养宝宝餐 / 瀚可爸爸

著 . 一福州：福建科学技术出版社，2015.5（2016.4 重印）

ISBN 978-7-5335-4757-8

Ⅰ . ①爸… Ⅱ . ①瀚… Ⅲ . ①婴幼儿－保健－食谱

Ⅳ . ① TS972.162

中国版本图书馆 CIP 数据核字 (2015) 第 050448 号

书　　名	**爸比，我还要吃！**	
	超级奶爸全营养宝宝餐	
著　　者	瀚可爸爸	
出版发行	海峡出版发行集团	
	福建科学技术出版社	
社　　址	福州市东水路 76 号（邮编 350001）	
网　　址	www.fjstp.com	
经　　销	福建新华发行（集团）有限责任公司	
印　　刷	福建彩色印刷有限公司	
开　　本	700 毫米 ×1000 毫米 1/16	
印　　张	12	
图　　文	192 码	
版　　次	2015 年 5 月第 1 版	
印　　次	2016 年 4 月第 2 次印刷	
书　　号	ISBN 978-7-5335-4757-8	
定　　价	38.00 元	

书中如有印装质量问题，可直接向本社调换

爸比，我还要吃！

看我吃得一口接一口，真是太好吃了！

安古 / 10个月

好宝宝要吃光光哦！

Paula / 6个月

好吃到我眼睛都张不开了啦！

罗豆豆 / 10个月

爸比说认真吃饭的男孩最帅了！

赵小小 / 11个月

爸比炒的饭最好吃啦，我还要吃！

梓烨 / 3岁

肚子饿，等待中……再怎么想睡也要吃！

小宝 / 16个月

充满爱的辅食，
养出健康活泼的下一代

民间有"第一胎照书养，第二胎当猪养"的说法，这是因为第一胎时经验不足，只能跟着书籍上的说法一步一步走；等到怀第二胎时，有了经验，丢了书本，就可以"依样画葫芦"地养孩子，不知多少人就这样把孩子养大了！

大多数的父母在自己拥有足够经验后，往往就不再生育，或者已经过了养育的阶段，那些累积出来的宝贵经验，都成了生命中的片段，或许没有机会和别人分享，或许不够全面而不足以转移给别人。然而，这些宝贵经验的流失真的非常可惜。

瀚可爸爸夫妻养育两个孩子的过程相当辛苦，我们非常高兴他们有这样的辛苦（虽然好像不该用"高兴"来形容，但是真的非常"高兴"这样的过程不是发生在自己身上，更"高兴"因为发生在他们身上，所以他们才能有足够的实验过程）。现在，他们将自己养育两个孩子的切身经历变成文字以帮助更多的父母不再盲目地照书养孩子，让每位父母都能养出健康活泼的下一代。

看过本书中的细节，我不得不佩服他们的巨细靡遗，书中清楚记载他们知道的辅食制作的所有步骤和重点，相信在食品安全问题扰人的现今，这无疑是一盏明灯、无疑是一本好书，更无疑是一份大爱！希望这本书能提供给所有家长更丰富的辅食观念，为孩子的成长过程中制作出更多美味佳肴，打造大家养儿育女的光明坦途。

《料理美食王》节目主持人　焦志方

 ## 守护餐桌上的营养，
"健康"是孩子一生的财富

　　我 43 岁才当爸爸，儿子瀚可的到来让我们夫妻满心喜悦，当时我在广告公司的工作刚好遇上瓶颈，考虑经济状况还不至于吃紧，我顺势暂离职场专心陪老婆待产。所以我常对儿子"邀功"，开玩笑说："从你在妈妈肚子开始，我就对你很好啰！"因为我当时的正职，就是照顾怀孕的老婆。

　　不知道是照顾得太好，还是儿子性子太急，老婆怀孕 6 个半月时就早产，折腾了 19 个小时，幸好小瀚可的体重超过 2800 克，还算标准，我们夫妻心中的大石头才落下。

亲手做宝宝餐，为过敏儿女的健康把关

　　没想到儿子 2 个月大时，医生说他有特应性皮炎（旧称"异位性皮肤炎"），大小毛病不断的长期抗战就此揭开序幕！但凡季节交替、寝具几天没换洗，或是洗澡水过热，儿子就会出现严重的过敏反应；手脚关节处

出现红肿，经常挠痒抓破皮，呕吐……夜里宝宝睡不好，大人当然也没的好睡。

从儿子3个月开始，我们便接受医生的建议，喂他吃水解蛋白奶粉，虽有好转，但过敏反应几乎不曾间断，只有时好时坏的差别。

一年半之后，我们迎来了女儿汉娜，这次的考验从她还在老婆肚子里就开始了。老婆怀孕3个月时得了乳腺炎，初期高烧不断，本以为是感冒风寒，后来确定为乳腺炎时，为了顾全汉娜的健康，老婆陷入了发炎状况愈来愈严重，却无法采取吃药或手术等积极治疗的困境。老婆苦撑到6个多月，等到汉娜的身体发育达到一定标准，便提早剖宫产，之后马上接受乳腺炎的治疗。但因为实在拖太久，使得炎症加重，前前后后手术了4次，每次都是开放性伤口，在不能麻醉的状况下，换药时的惨烈景象，连我这个大男人都觉得难熬，实在无法想像老婆是怎么撑过来的。

"考验"或"难关"都不足以形容当时人生直线下滑，生活和心情都跌到最低谷的局面，原本暂离职场，抱着喜悦心情当爸爸的我，在接二连三出状况时，自然不可能专心找正职，老婆也辞去电视圈的工作。我们夫妻俩等于是长期无业，还要养育两个身体状况不佳的孩子，再加上发炎的后遗症不少，老婆不断进出医院……那段日子真是宛如灾难片般的惨烈。

不知是否因为水解蛋白奶粉的口感不及一般奶粉香甜，小瀚可不太爱喝，而且越喝越少，我们担心他长不好，于是从4个月开始，我们夫妻便四处向亲友及身边的婆婆妈妈们请教，应该给宝宝吃什么辅食，才有益于成长。

许多人以为我们夫妻厨艺精湛，所以能给宝宝做出这么丰富的营养餐。事实上，故事的发展完全不是这个版本。在升格当爸妈之前，我们也是"外食族"，很少在家做饭，老婆的厨艺也是普通，虽然这么说她可能会赏我一记白眼，不过因为这是事实，她也只能摸摸鼻子认了！（笑）

即使原本对厨房里的事情一窍不通，但为了儿子的健康，我还是卷起袖子，当起超级奶爸，坚持亲手为儿子准备"爱"的营养餐。我们戏称自己是现代版的神农氏，到处打听、尝试各式各样的食材，一心一意只希望儿子吃得健康，长得强壮。

"微量尝试"过敏宝宝也能吃得安心

因为瀚可特殊的过敏体质，每次尝试新食材时，我们都先"微量尝试"，只让宝宝吃几口，无论他是否意犹未尽，我们都会喊停。间隔几小时后观察，未出现不适症状再继续喂食。这个过程都还算顺利，没有太明显的过敏反应。不过有一次，老婆听说吃鸡肝对宝宝很好，便让9个月大的瀚可吃了鸡肝做成的肝泥，结果瀚可因此连续腹泻一个多月，瘦了3千克。认为自己"闯祸"的老婆，既心疼又自责，还不敢让我知道，偷偷掉了不少眼泪呢！

有时做太多吃不完，就分享给家中有宝宝的亲友或邻居，没想到大家的反应都很好，亲友们不好意思总是当"伸手派"，一开始会帮忙分摊食材费用，后来干脆怂恿我们做生意。此时，越做越有心得的我们，也开始认真思考经营辅食事业的可能性。

于是2010年初，我们从小规模的家庭厨房起步，后来有段长达2年的时间，除了陪伴老婆与乳腺炎抗战，我还得扛起照顾两个孩子的责任——18个月大的瀚可，以及刚出生的汉娜，两个早产的过敏儿。幸好，有岳父母和妹妹等亲友的力挺，家庭厨房才得以继续，让我在工作和家庭之间，可以分身打理。

如今，不仅我的两个孩子胃口很好，身体壮壮的，很少生病；我们用心经营的辅食事业也获得了很大的成功，所做的辅食受到了很多父母的欢迎。6年来，已经有数万名宝宝吃过我们精研的辅食，这是非常大的托付和信赖，也激励着我们在辅食的路上不断研究探询、努力改进……

经历过为孩子的成长和健康而忧心、为生计捉襟见肘而伤神的日子，我非常能够体会每个家庭、每对父母在养育孩子过程中碰到各种问题的心情。所以我很愿意把我的经历分享出来，让新手父母们能够少走弯路，真正用心为孩子的健康筑起一道保护的城墙。

我身为奶爸的经历同时也证明了，厨房不一定是妈妈们的专属，守护孩子的健康也并非妈妈们的专职，爸爸们也同样可以做得很好，只要用心，不管你以前厨艺有多糟，都能成为宝宝最好的营养师，从小为宝宝打造一个最健康的体质。

别执着赢在起跑点，"健康身心"才是一生的财富

　　这次出书，主要是想把我自己制作辅食的经验和心得分享给大家，希望爸爸妈妈们都能参与到孩子的养育中来，保证孩子的饮食安全。我在书中把自己精研的全部食谱公开出来，就是为了鼓励大家能够"依样画葫芦"，自己动手制作辅食，让我们的宝宝吃得安心、吃得健康。其实宝宝餐点制作一点都不困难，只是费时费工，从挑选食材到制作、保存，都需要格外用心。但就像我在书中分享的，孩子吃什么都会长大，但我们希望给宝宝更安全的成长环境，许多原则和坚持，以及对于细节的谨慎，只要做对了，每位家长都可以成为宝宝健康的守护者。

　　最后，我还想和家长们共勉，即使在最困难的那段时间，我们夫妻始终没有忘记、也从未放弃"陪伴孩子"的承诺。其实孩子吃多少、长多快真的没关系，"健康的心理"才是最重要的。"赢在起跑点"这句话害了很多人，身高、体重并非健康的唯一标准。除了身体要健康，心理也要健全。所以，千万别强迫孩子吃东西，而应该营造愉快的用餐环境，用正面的态度带领孩子探索、体验饮食的新世界。培养健康的身心，才是送给孩子一辈子受用不尽的财富。

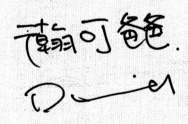

目录 | Contents

 第1章 给宝宝最安心的营养餐【超级奶爸的10大坚持】

 第2章 新手爸妈一定要知道【10个辅食的错误观念】

④ **鸡腿骨蔬果高汤粥** 开始吃肉啰！添加鱼肉和鸡蛋，营养摄取更充足！ ≥10个月

第 1 章

给宝宝最安心的营养餐
【超级奶爸的 10 大坚持】

给孩子最好的，是不变的坚持

儿子瀚可和女儿汉娜从出生起几乎都是我在带，要照顾好他们的一日三餐，对于一个毫无厨艺可言的大龄奶爸来说，的确不是一件容易的事情。但是为了宝贝们的健康，我还是卷起袖子当起超级奶爸，走进厨房坚持亲手为他们准备最好的食物。

很多人问我："这样的坚持难不难？"我的答案是："只要有心，就不难。"相信愿意走进厨房为宝宝准备食物的爸爸和妈妈们也可以办到，欢迎大家一起"复制"这样的坚持。

用"好水"清洗、蒸煮、烹调

在家为宝宝准备餐点时，我除了烹煮，连洗菜、洗米、清洗锅碗瓢盆都是使用纯净水。很多人会觉得为什么要这么做？因为光是从端出来的餐点，完全看不出差异啊！然而"好水"是决定餐点品质非常重要的第一关。爸爸妈妈们在制作宝宝餐前，一定要秉持以下两个重点：

❶ 除了使用净水器的过滤水清洗食材，蒸煮时也要全程使用煮过的开水。
❷ 使用电炖锅或蒸锅蒸熟食材时，外锅也要用开水，不可用自来水。

因为锅盖是密闭的，而自来水含"氯"，加热后氯会包覆在食物上或是被吸收，吃进去不但对人体有害，甚至有致癌的危险；因此，用"开水蒸煮食材"十分重要，爸爸妈妈们千万别图方便，让宝宝的健康受到威胁。

 # 为宝宝打稳健康底子，就从"好米"开始

无论菜色如何变化，我认为"米"绝对是最重要的部分。因为婴儿辅食添加的调味料原本就非常少，甚至完全没有，所以油、调味料的影响相对较小。但是"米"就不同了，从比例原则来看，宝宝餐的用米量较多，因此米的品质与来源是否安全，绝对不容忽视。

试想，假如买到过期米或污染米，售价低廉，就算长虫、长蛆，煮熟后打成泥也看不到，即使宝宝吃下肚，短期内也不一定会出现身体不适的症状；但长期下来呢？牺牲的绝对是宝宝的未来。虽然好坏品质的米价，经常有数倍的差距，但我还是要告诉各位，与其花大钱买营养品，不如买好米给宝宝打好底子，务必慎选品质有保证的优良米。

坚持卫生第一，居家烹调也要"专业"

一旦宝宝开始添加辅食，就要特别注意宝宝的饮食卫生了。因为宝宝的免疫系统不如成年人的成熟完善，所以宝宝的肠胃特别容易受到病原微生物的侵扰。为了宝宝的健康，我建议经手烹调的每一位家人，还是要尽量"专业"。

这里的"专业"不是指厨艺高超，而是强调卫生的标准。从最基本的勤洗手、穿戴合宜服装（长发的人尽量束发或是戴上厨帽）、戴口罩（除了感冒，平常也尽量戴口罩），到烹调厨具（如砧板、小锅等）和餐具、食材的分类收纳和保存，避免与大人的混合使用。这些看似细节的小地方，都是杜绝污染，让宝宝吃得安心的关键。

▲儿子瀚可最喜欢假日到外婆家当"小农友"，体验真实版的开心农场。

选择"天然、有机食材"

宝宝的辅食餐点，打成泥或炖煮之后，看起来并无太大的差别。一般人很难辨别食材的优劣，但食材是辅食的基础材料，其品质直接影响辅食的品质，因此我们坚持根茎类的食材全面采用有机农产品，叶菜类则采用无毒农品。虽然有机农产品的产季与收成状况，很容易受天气影响，无法保证能够 100% 足量供应，但是我始终朝着食材全面有机而努力，给孩子最好的食物，这个目标是非常明确的。如果无法全面使用有机食材，建议爸爸和妈妈在家自制辅食时，可参考以下原则：

❶ 宝宝初期接触辅食时，建议先从"根茎类蔬果"开始尝试，并且尽量选购有机或无毒农产品。

❷ 肉品方面，土鸡比肉鸡好，同时要重视肉品来源，不买来路不明的肉品。当然，更要全面禁止任何基因改造的食材。

如果不选购有机农产品，也要挑选商誉良好的店家或品质有保障的熟识菜贩、肉贩，才能多几分保障。

 ## 完全杜绝"防腐剂"和"添加物"

无论是购买的辅食，或是在家亲手制作，我都要提醒爸爸和妈妈们，喂食宝宝前，自己务必要先吃吃看！因为只要是强调天然，未添加任何防腐剂、保存剂，甚至连盐巴调味都没有的食物，在天气多变的情况下，制作保存和运送过程，任何环节都可能导致变质，特别是夏天。

即使在家 DIY（即自己动手做）也要新鲜食用，完成后立刻冷藏保存，超过 24 小时有酸腐的危险。建议将辅食制成冰砖后冷冻，等宝宝要吃时再加热，至于宝宝吃剩的辅食，大人如果不能帮忙解决，也只能倒进垃圾桶，千万别因为怕浪费，重复加热食用，反而容易让宝宝吃坏肚子。

"低油、低盐、低糖"煮出宝宝最爱的味道

大一点的宝宝，需要比离乳食品更多元的餐点选择，随着食材种类愈来愈多样，再加上宝宝偶尔会接触大人的重口味食物，若只把食物煮熟、煮烂是不够的，也得增加口感的变化。想要兼顾美味和健康，着实是个大考验。

即使如此，"低油、低盐、低糖"仍然是我不变的坚持，以甜品来说，如果大人习惯的口味是添加三匙糖的分量，为了宝宝的健康，我会减量为一匙；或是善用食材本身的甜味，以地瓜、桂圆和红枣等食材来代替。

至于盐分摄取量，如果宝宝从小就吃太咸，很容易养成重口味，对肾功能造成一辈子的影响，不可不慎。因为多数成人的食物都偏咸，爸爸妈妈们烹煮时，切记只要加一点点盐就好，千万别用自己习惯的口感做标准。

油量也是如此，许多食物只要使用不粘锅，即使完全不用油，也能煮出好味道，如果非要用油，至少也要把分量减半，甚至比一半再少一些。

食品安全问题频传，想要吃得安心，只能靠自己多留意，宝贝的营养和抵抗力，全掌握在爸爸妈妈的手上，请不要因为省事省钱，随便给婴幼儿乱吃，否则日后辛苦的绝对是孩子！

 坚持不用猪大骨熬汤

我从来不使用猪大骨熬汤，也经常提醒家长们不要使用。这是因为大骨汤含"铅"，可能会影响宝宝的智力发育。

根据专家研究，动物的骨头几乎都含有"铅"，只是含量的多寡不同而已。其中，1克的鸡骨含有0.1微克的铅，1克的猪骨含有1~15微克的铅。也就是说，猪骨的含铅量可高达鸡骨的150倍。

为了宝宝的营养和健康着想，熬煮高汤时，请尽量选择"鸡骨"或是"冰之骨"（细长形的猪肋骨），至少要先汆烫过2次，再用来熬汤。而且，熬煮高汤的时间比例也要谨慎拿捏，请先放入蔬果，熬煮2小时后，最后再加入鸡骨或冰之骨，至多再熬煮1小时，避免因为煮太久，而使骨头内的铅或其他重金属释出到汤汁中，造成不良的影响。

对宝宝来说，浓稠的高汤是负担，并不是营养素。熬煮完成的高汤，记得一定要去油、去渣，食用时甚至还可以再稀释，或添加到粥品等其他食物中，避免摄取过多的脂肪。

⑧ 食材不设限，摄取"全食物"营养

我一直认为作息正常、摄入均衡的营养、注意食材来源及妥善清理食材，远比吃"营养补给品"更重要、效果更佳。

本书的全部食谱兼顾蛋白质、糖类、脂肪、维生素、矿物质等五大类营养素的均衡，强调"让宝宝吃食物、不吃食品"的原则，不过，许多人对于"食物"与"食品"的差别仍然不甚清楚。

简言之，未经加工过的就是"食物"，加工过的即为"食品"。烹煮过程中，应该尽量避免添加物，让宝宝摄取原貌烹调的"全食物"营养。以"鸡肉"和"鸡块"为例，鸡肉本身是有营养的，对宝宝有益处，但若加了淀粉、油成为"鸡块"，宝宝吃下肚就不健康了。

重点在于"烹调过程"，食材的选择不需要复制自己的口味，或是预设太多，除了少数不适合幼儿的高敏食材以外，我都鼓励家长尽量多尝试。也不用过度担心宝宝的抗拒反应，因为辅食的添加重点，除了补充营养，还有让宝宝学习适应各类食物的重要作用。

如果陷入"量"的迷思，认为宝宝一定得吃多少，只喂他喜欢吃的，或是勉强进食，反而会让宝宝对食物产生负面记忆，最后养成偏食的坏习惯。

"分龄渐进" 引导婴幼儿学习进食

宝宝在一天天地长大，爸爸妈妈在欣喜的同时更操心宝宝应该吃些什么。明明已经按照育儿书或专家指示，为宝宝准备符合月龄的辅食，宝宝为什么一点都不捧场，甚至根本不吃？有些爸爸妈妈担心宝宝营养不够，或是希望吸引宝宝开口，干脆"偷跑"，喂宝宝吃超龄的食物，甚至直接给宝宝吃大人的食物，认为只要宝宝肯吃、咬得动、吞得下去就行了。

虽然不必照书养小孩，但是辅食的分龄渐进，仍有其一定的参考价值，建议家长尽量循序渐进让宝宝适应。生理方面，除了要配合宝宝牙齿的生长、吞咽能力与消化能力外，口味的浓淡也是重点之一。基本上，1岁前的宝宝不能摄取任何调味料，以免对肾脏造成负担，引起健康问题。

如果宝宝一直拒食，应该怎么办？父母千万不要因为受挫几次，就轻易放弃，毕竟6个月大的宝宝（有些宝宝是3、4个月）刚好处于"厌奶期"，不爱喝奶，也可能对其他食物不感兴趣。以我过来人的经验，成功的不二法门，就是不断尝试，或是更换不同的食材，宝宝一定能慢慢适应。

★ 温馨提示 ★

添加辅食的基本原则有哪些？

添加辅食要遵守以下几个基本原则：①辅食品种从单一到多样；②辅食质地由稀到稠；③辅食添加量由少到多；④辅食制作由细到粗；⑤生病期间不添加新的辅食。

▲与外婆一起在小农场工作，让小瀚可切身体会食物的来之不易。

⑩ 经营亲子和乐的用餐气氛

　　前面说了这么多，瀚可爸爸坚持的东西还真不少啊！但我也常开玩笑说："有一件事我从来不坚持，那就是不强迫孩子一定要把食物吃完！"

　　对我来说，和乐的亲子用餐气氛比什么都重要，这么说并不是宠溺孩子，只要宝宝的活动量正常，成长曲线也符合标准，没有肚子胀气、便秘、拉肚子等不舒服的症状，宝宝食量多少，真的不需太执着。

　　很多家长担心宝宝正餐时间吃太少会挨饿，于是在正餐之间提供零食或其他食物，这样反而会造成负面循环。也有人过度坚持宝宝一定得吃多少量，于是拼命勉强喂食，让宝宝对食物产生抗拒和反感，结果都适得其反。

　　与其如此，倒不如建立良好的用餐习惯，避免边玩边吃或是吃饭配电视，但可以提供宝宝专属的座位和可爱的造型餐具，让吃饭变成一件有趣的事情，才是最重要的。

第 **2** 章

新手爸妈一定要知道
【10 个辅食的 *错误* 观念】

掌握 10 大原则，宝宝吃得更健康

每天一大早打开电脑，就会看见一排举手发问的人，可见新手爸妈真的好辛苦，特别是妈妈们常常等到半夜小宝贝和老公都睡着后，才能做点自己的事情！而且我发现，这些妈妈们上网时，也多半是在查资料、问问题……满脑子全都是宝宝衣食住行的大小事。

关于宝宝辅食，最多人询问的几个问题，我将在这里说明回复。借由厘清观念与经验分享，配合宝宝的成长阶段，通过辅食给予适当营养，提供几个重要原则，希望能让家长们从此睡个好觉！

早或晚一点添加辅食比较好！
添加辅食的"黄金时期"？

观察宝宝的发育状况，
4 ~ 8个月开始吃辅食都没问题。

常听到很多妈妈说："宝宝4个月居然长牙了，是不是该给他吃辅食了？"或是"每次我们吃东西，他就流口水！这代表宝宝已经准备吃母乳或配方奶以外的食物了吗？""宝宝到底什么时候可以开始吃辅食呢？"类似的问题几乎不曾间断过，宝宝吃辅食的"食机"，确实困扰很多新手爸妈。

假如太早开始吃辅食，宝宝可能会因为吸收不良，导致腹泻或引发不适症状，未必能摄取到足够的营养；反之，太晚开始吃辅食，将会影响咀嚼能力和肌肉发展，连带使宝宝缺乏对各类食物的探索尝试，造成日后容易挑食、厌食等不良习惯。

不要抢快比较，让孩子自由发育成长

既然如此，究竟有没有"辅食的黄金时期"呢？过去一般认为是6个月左右，但是近年来，也有人主张宝宝4个月就可以尝试吃辅食。其实，如果宝宝已经出现厌奶现象、胃口不佳，或开始把手上的东西往嘴里塞等征兆；身体肌肉进展到脖子慢慢变硬、能够稍微抬身，甚至坐起来看人，不用担心被非液态食物呛到时，就代表宝宝可以试着接触辅食啰！很多研究甚至提出愈早接触辅食，过敏的概率就愈低。不过，我还是要提醒爸爸妈妈，宝宝的个体发育原本就不同，不需要"抢快"和"比较"，最早4个月，最迟8个月开始吃辅食都没问题，不用过度担心。

2 既然辅食不是主食，不吃也可以？

 辅食可锻炼宝宝"咀嚼、吞咽"的能力，
是非常重要的"过渡期食物"。

我要跟家长们强调一件事，对宝宝而言，"辅食"并不等于"次要食品"，相反地，在母乳或配方奶与固态食品之间，辅食是扮演重要的"过渡期食物"。随着宝宝一天天长大，从4～6个月开始，因为活动量与食量逐渐增加，宝宝所需的各类营养素也越来越多，母乳或配方奶已经不能满足他们。尤其是喝配方奶的宝宝，辅食扮演着极为重要的角色。

让孩子自己"学吃饭"很重要

除此之外，虽然每个宝宝长牙的进度不同，但也意味着此阶段的宝宝，将由"吸吮"逐渐转化为"咀嚼"和"吞咽"；即从"液态食物"→"糊状食物"→"半固态食物"，逐步进展到"固态食物"。

辅食正是训练口腔功能的关键过程，宝宝吃进的食物固然重要，训练宝宝"自我进食"的能力更是不容忽视。如果没有辅食的刺激和体验尝试，宝宝便会缺乏咀嚼能力的锻炼，对于日后的身心发展，都会产生负面影响。毕竟让孩子逐渐脱离父母的怀抱，通过自行饮食而成为独立个体，也是此阶段非常重要的任务和目标。

担心宝宝过敏，辅食不需有太多变化。

只要掌握"少量、少种类"的原则，
吃辅食也是一种"脱敏治疗"。

儿子瀚可和女儿汉娜都是过敏体质，在他们6个月之前，只能喝水解蛋白奶粉，等到应该尝试辅食的阶段时，究竟该给他们吃什么，着实让我们夫妻伤透脑筋。尤其是瀚可的特应性皮炎，只要不小心吃错食物，反应就非常剧烈，看在眼里真的很令人心疼。

有人建议我们干脆不要给宝宝吃辅食，等到1岁或年龄更大些，过敏反应减缓再吃。事实上，医师也多半会建议过敏儿和早产儿不要太早添加辅食，避免刺激过敏原或引发宝宝不适。所以我们家两个过敏体质的宝宝，在6个月之前，都只喝减敏奶粉，连母乳都被医师禁止。

掌握"少量、少种类"原则，让孩子有新的体验

然而，尝试新食物本身也是一种"脱敏治疗"，我建议父母可让宝宝从低敏的地瓜、南瓜、甜菜根、胡萝卜，以及新鲜的绿色蔬菜如西兰花、油麦菜等开始尝试；随着宝宝的免疫功能越来越成熟稳定，过敏反应也会减缓许多。

尝试新食材时，掌握"少量、少种类"的原则也很重要。因为每个宝宝的过敏原都不同，只要是没有吃过的食物，喂食量都不宜过多，每次只给宝宝尝试一汤匙的分量，一次只添加一种食物。宝宝吃完后，请留意他的排便、皮肤状况是否异常，若无异状，4～7天后就可以增量或改试其他食物。

很多父母怕引起过敏，选择重复喂宝宝吃同样的食物；这样不仅会让宝宝失去尝试新味道的体验，也会错过为宝宝提升免疫力的机会。而且缺乏变化的辅食，也会让宝宝的食欲变差。

孩子满 1 岁后，可以继续吃磨到细碎的食物。

请根据"食材软硬度"及"宝宝年龄"，调整辅食的捣碎程度。

很多爸爸妈妈在制作辅食时，会坚持"又碎又烂"的原则，生怕宝宝咬不动、吸收不到位、会噎住。我建议爸爸妈妈们，假如宝宝已超过 1 岁，就不应再为他们准备磨碎的食物泥和煮烂的粥品，而是各式浓汤面和蔬菜肉类制成的炖饭；更大一点的宝宝，则是搭配白饭、面条等的各种烩料。

为什么不再让宝宝继续吃磨碎煮烂的食物呢？肉块或蔬菜丁是否很难消化、担心宝宝无法咀嚼吸收？这些都是我们曾碰到过的疑问。其实，只要配合宝宝的成长发育准备适合的辅食，就不需担心。

1 岁以上的孩子，可以慢慢脱离食物泥及粥品

6 个月前的宝宝通常尚未长牙，请先让他尝试液状的蔬菜汤，或是很软烂的食物泥。等到宝宝开始长牙后，就可以试着喂糊状或粥状的食物。至于 1 岁以上的宝宝，虽然牙齿还未长齐，但已经具备基本的咀嚼能力，如果仍然喂食软烂的食物泥，孩子以后可能只会"吞食物"，不懂得"咬食物"！

随着月龄愈大，宝宝也来到脱离食物泥和粥品的阶段，他们可以体验的食物类别也愈来愈多。其实只要把主食煮软烂一点，例如瓜类经炖煮后，就已经非常容易入口，不需刻意切太碎。而叶菜类的纤维多，就得稍微切碎些，去掉较粗的梗。至于肉类，也不需全部买绞肉，可切成肉丁，慢慢让宝宝尝试。

因为怕他吃不饱，所以先喂孩子吃，以后大了再让他自己吃！

 让宝宝体会"自己吃饭的乐趣"，别总是由父母代劳。

有些父母担心宝宝排斥辅食，一开始会以奶瓶喂食食物泥；也有些人虽然使用汤匙喂食，却是一路代劳，即使宝宝已经超过1岁，还是不放心让他们自己吃东西，认为大人喂，宝宝才吃得多，否则宝宝不小心洒在碗外的，都比吃进肚子里的还要多。

出于对孩子的爱，父母担心宝宝饿肚子的心情是可以理解的，不过前文曾提到，辅食不但能提供营养，也扮演了训练宝宝咀嚼能力，以及对新食物接受度的重要角色。

如果持续用奶瓶吃辅食，或是大人不肯放手，孩子等于错过学习体验的黄金期，无法适应新的吞咽方式和食物，未来反而更让人操心费神。

建议爸爸妈妈一开始就使用汤匙喂食，因为判断宝宝能否尝试辅食的前提之一，就是观察他的颈部能不能挺起；如果大人用手轻扶，宝宝就能坐稳，不会一边吃一边摇晃，就代表用汤匙喂食时，大人不需要一直变换角度。如果不小心噎住，宝宝除了感到不舒服，还可能会抗拒进食。

🍴 宝宝会吐出食物，只是还不习惯使用汤匙

另一方面，能够坐着吃东西，也意味着宝宝吞咽的肌肉神经已经准备好，可以应付液体以外的食物。有时候，宝宝的舌头好像把食物往外推，不代表他不喜欢吃辅食哦！也许宝宝只是还不习惯用汤匙喂食的吞咽方式而已。

至于月龄更大的宝宝，可以训练他拿米果或其他手指食物（baby finger food），再给他们汤匙抓握，练习舀起食物泥放入口中。

一开始，宝宝肯定会吃得到处都是，但只要尽量让他们在固定的地方用餐，准备专属的餐椅和围兜，餐桌底下铺报纸或塑胶垫，减少餐后清洁的功夫。爸爸妈妈要做的只有轻松陪伴，让宝宝多练习几次，他们自然会越来越上手，看见一碗粥被吃得精光时，相信大人和小孩都会很有成就感哦！

把大人的食物煮到熟烂，也可以给宝宝当作辅食。

大人的食物口味太重，
宝宝的肾脏无法负荷，请以"清淡"为原则。

老一辈的人受限于环境或时间，每天三餐都有几十口人要吃饭，根本忙不过来。对他们来说，所谓的"宝宝食物"，几乎就等同于比较软烂的大人食物。问题是，把大人的食物煮得更久更烂，或是把勾芡类的菜汁、汤汁拌饭，即使宝宝勉强吞咽下肚，他们真的吃得到营养吗？

许多食物经烹煮后，只有少数的营养会保留于汤汁内，仅用汤汁拌饭，恐怕会让宝宝吃不到营养，反而摄取过多人工调味料，对肾脏功能造成过多负担；而且从小习惯重口味，长大后更难改变，对健康只有害处。

将口味稀释，别让宝宝吃进过多调味料

现代父母孩子生得少，育儿观念和营养概念也改变很多。在家喂宝宝吃的辅食，家长们通常都会另外准备清淡无调味的。但是偶尔外食，或是与大人共餐时，宝宝难免会接触到辅食以外的成人食物，建议家长还是尽量按照"月龄"喂食适合孩子的辅食，不要超龄给他们吃太多添加调味料的食物。

若在无法避免的情况下，不妨先用开水浸泡，或是直接在食物中加些开水，将口味稀释后再喂食。

宝宝辅食吃得好，喝奶不必太讲究！

吃辅食要"循序渐进"，
让宝宝慢慢适应，才能摄取足够营养。

为了确保食物的新鲜，我在给宝贝们制作辅食时，会注意控制辅食的量，避免做的太多。尤其是刚开始吃辅食的宝宝，他们需要的量真的很少，无论自制或购买，都要以少量为宜。

有些父母比较心急，在宝宝开始吃辅食后，就马上减少喂奶的次数和奶量，认为这样可以让宝宝摄取更多营养，加快咀嚼能力的发展训练。其实，既然辅食是奶类营养和正食品之间的衔接，原本就需要一段渐进的时间让宝宝适应，过与不及都不适当。

"辅食"与"喂奶量"的分配原则

关于喂奶量及辅食的分配，我归纳了以下 4 个原则给大家参考：

❶ 初期先维持宝宝原来的喂奶次数和奶量。

❷ 4 ～ 6 个月的宝宝，每天大概喂 5 次奶，只要在两次喂奶中间，用汤匙喂宝宝吃几口食物泥当点心即可。

❸ 千万不要在喂奶前后给宝宝吃辅食，以免影响宝宝正常的吃奶量，连带也对辅食兴趣缺失。

❹ 等宝宝渐渐适应食物泥的口感，也习惯用汤匙进食后，再将辅食的分量由少加多，种类由简变繁，慢慢增加。

掌握以上几个重点，过了周岁后，粥品面食等就可以成为正食品，至于奶粉或牛奶，此时反而成为辅食啰！

8 在辅食里添加营养补品或中药材，可以让宝宝成长得更好。

只要搭配得当，
天然食物的营养就足够。

天下父母心，总是想给孩子最多、最好的，很多父母常担心自己的宝宝体重不够重、身高不够高、营养不均衡、牙齿长得慢、头发长得少、排便不正常、睡眠不充足、抵抗力不够等。为了补充营养，许多人索性在辅食中添加补品或中药材，希望能把宝宝养得壮壮的。

为宝宝熬煮鸡汤或高汤，增加营养摄取

事实上，只要搭配得当，食物本身的天然营养已经非常足够，除非经过医师诊断，建议宝宝必须补充特殊的营养成分，才有必要酌量添加于食物中。否则，大部分的宝宝完全不需要，也不适合在辅食中加入任何营养品或药材。

尤其是中药材，因为每个宝宝的体质和体重不同，擅自添加有药效的食物在三餐当中是带有高风险的。有些药材的特殊气味，甚至会让宝宝排斥，连带拒吃辅食，造成反效果。

如果还不放心、担心宝宝吃得不够好，建议可以熬煮鸡汤或高汤，添加于粥品或面饭中，增加营养摄取。熬煮鸡汤时，除了枸杞和红枣等天然食材外，不需再另加药材。高汤也以蔬果为主，搭配鸡骨或猪肋骨一起熬煮，千万不能用猪大骨，避免大骨含铅量高而引起中毒。

宝宝食量小，每餐现做很麻烦，
煮一锅慢慢吃最方便？

 辅食最易酸腐，
冷藏以一天为限，冷冻至多一周。

对许多父母而言，"如何准备辅食"是一门大学问。特别是宝宝的食量小，刚开始吃辅食的阶段，假如每餐都现做现吃，一定会让父母忙碌不堪。

但是一次准备很多，宝宝吃不完怎么办？有些忙碌的父母为了节省时间，选择煮一大锅慢慢吃，每次取少量加热。假如一天一锅，天气凉爽时还无妨，但是保险起见，喂食前还是要试吃，预防食物酸腐或遭污染，对宝宝造成危险。若已放过隔夜，绝对不能让宝宝吃，如果没有大人帮忙"消化"解决，最后只能倒进垃圾桶。

假如担心浪费食材，建议准备时先精算分量，不要一次制作烹煮太多。想要节省时间的人，则可尝试一次准备多日分量，并制成"冰砖"保存。掌握"冷藏以一天为限、冷冻至多一周"的原则，尽早食用最佳。

★ 温馨提示 ★

"真空包装"不一定卫生安全？

一般人都认为真空包装的食品比较好，其实真空包装必须于无尘无菌的环境下分装，且食物绝对不可以接触到封口处，才能确保没有细菌进入。目前市场上卖的辅食多以人工装填，在此条件下，真空包装并无太多保障可言。

用平常煮菜的工具顺便煮辅食，
孩子餐具也可以和大人的一起清洗。

请为宝宝准备一套专用的餐具及烹调用具，
不要和大人的混合使用。

"养儿方知父母恩"这话真是一点都没错。升格当爸妈后，才知道养孩子真是不简单，要打点的大小事情数不胜数。相信很多父母和我们一样，都面临三头六臂还是不够用的窘境。常常为了节省时间，只好"图方便"，身为两个孩子的爸爸，我非常了解。

但有些事真的不能"省"，例如，准备辅食时，建议将大人和小孩的砧板分开，因为宝宝能吃的食材限制较多，特别是一些容易引起过敏的海鲜。如果贪图方便而混合使用，可能会引起宝宝过敏，甚至不慎吃下遭受污染的食物。

鼓励宝宝吃饭，餐具的材质与重量也很重要

喂食宝宝的餐具也是如此。很多人认为只要材质不易破损，宝宝就可以使用，即使与大人共用也无妨。其实，这句话只讲对一半。无毒安全又耐摔的材质，确实可以拿来当作宝宝餐具，但是，如果想鼓励宝宝自己进食，还得将材质的大小与重量纳入考虑；另外，碗缘弧度和构造是否方便宝宝自己挖舀食物，也是挑选宝宝餐具的重点之一，如果挖舀的难度太高，可能会让宝宝产生挫折感，降低尝试辅食的意愿。

此外，清洁宝宝餐具时，也请分开处理，因为辅食通常无油、无调味，只需以清水彻底冲洗即可，不必使用清洁剂。这些小动作或许会多花点功夫和时间，却可以帮宝宝筑起一道保护的城墙，预防病毒或毒素的侵害。

第 **3** 章

严选工具和食材，
专业制作是关键

超级奶爸的居家烹调秘诀

　　到底该如何挑选"最合适"的工具和食材？为什么我要强调不是挑"最好的"，而是选"最合适"的呢？和大家一样，初为父母时，我们也非常兴奋和紧张，只要是和宝宝有关的任何东西，在能力范围内，都会努力想要找到"最好的"。

　　但是"最好"的标准经常改变，有时因为专家的一句话、媒体的一篇报道，甚至是来自网络的育儿资讯，哪位妈咪说了什么，或是某家宝宝出现的状况如何……都足以撼动父母心中的那把尺。

　　标准一直变，结果就是家里堆积了各式各样的工具和餐具，全是花了银子缴学费换来的，直到自己全心投入辅食的专业经营，经过几年的摸索钻研，终于得到以下结论。

好用工具篇

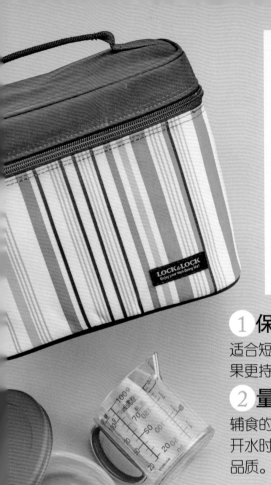

采取"计划性购买"，尽量掌握以下原则：长期使用的工具，不妨多花点钱购买材质好、功能较佳的；若使用率低，或许可思考另寻替代工具。

例如研磨器、搅拌棒及制冰盒、保鲜盒、保温瓶等，功能性高于设计性，在预算内挑选符合自己需求的工具即可，前提是材质一定要"安全无毒"。

1 保冷袋
适合短时间的外出保鲜，最好搭配保冷剂使用，效果更持久。

2 量杯
辅食的浓稠度关系到宝宝的消化吸收，添加高汤或开水时，可以选用专门的量杯，既卫生也方便掌握品质。

3 保鲜盒
建议挑选玻璃材质，比较能保持食物的新鲜度，外出可改用塑胶材质，更利于携带。

4 保温瓶
容积不需要太大，尽量选择瓶口宽一点的，方便外出时舀取喂食。

5 夹链袋
制作冰砖时，如果制冰盒没有盖子，可以放入夹链袋防止污染；短暂外出时，如果不携带保鲜盒，也可直接将冰砖倒入夹链袋，再放进保冷袋中。

6 研磨器

市面上贩售各式各样的研磨和捣泥工具，若为塑胶材质，应避免高温食物，记得将食材放凉再处理。

7 电子秤

在家制作辅食时多为少量，有量杯、量匙和食物秤等计量工具，拿捏分量更轻松。

8 食物剪

只有软烂食物较适合使用塑胶材质的食物剪，肉类建议使用金属剪刀。如果食物剪有附盖子，外出时更便于携带，也较安全。

9 量匙

宝宝餐讲求低盐、低糖、少油，添加调味料时需格外谨慎，使用量匙能为健康准确把关。

10 搅拌棒

"手持式搅拌棒"是制作辅食时的好帮手，即使量少也便于制作，机动性很高。建议挑选不锈钢刀头，制作热食更安心。

11 制冰盒

种类和款式繁多，小分格适合制作食物泥冰砖；大分格可用于制作粥品和高汤的冰砖，挑选有盖式的置冰盒，较不易沾染冰箱气味。

安全餐具篇

　　很多父母挑选宝宝餐具时，都会被可爱的造型和图案打动，希望可爱的餐具可以促进食欲，让宝宝更喜欢自己练习吃饭。餐具的造型设计可爱当然会受到小朋友欢迎，但是材质本身的安全性，还是最重要的。

　　研究证实，过去最常用来制成儿童餐具的美耐皿（melamine，即三聚氰胺树脂），虽然号称可耐 100 度高温，但其实只要盛装超过 40 度以上的高温食物或热汤，就可能产生微量的三聚氰胺，而且温度愈高、释出量也愈高，长期使用会对人体有害。虽然价格亲民、造型多变，但使用时仍必须特别注意。

▌ "天然无毒"的材质，用得最安心！

　　近年来，许多替代的材质开始被广泛运用于宝宝餐具，例如竹制餐具或是PLA（聚乳酸，由植物萃取淀粉，经发酵、去水制成的玉米餐具），都强调天然无毒，使用起来更安心。为了宝宝的健康，父母可以依据自己的预算和经验挑选适合的，不管是美耐皿或其他环保材质，都应多留意，掌握以下 7 大要诀：

❶ 不可用来盛装食物放进微波炉或蒸锅内加热。

❷ 尽量不盛装高温滚烫或太酸的食物。

❸ 不可直接放到热水或锅子里面消毒或清洗。

❹ 建议食物稍微放凉后，再盛装到餐具，一方面避免有害物质的产生，另一方面也可以预防宝宝烫伤。

❺ 清洁时不要用力刷洗，宝宝食物少油腻，通常只要用清水浸泡，再以海绵或抹布清洗即可。

❻ 如果有刮痕就尽量更新，不要再使用，特别是美耐皿餐具，寿命顶多 2 年。

❼ 购买时先嗅闻一下，若有刺激性的臭味，可能含有对身体不好的毒素。

1 水杯

长期使用附有吸管的杯子，宝宝会失去练习用手将杯子倾斜的机会。从周岁开始，不妨让宝宝使用耳杯，每次盛装少量的开水，让宝宝慢慢练习自己拿水喝。

2 碗

挑选底部平稳、碗缘较低、碗口较宽的碗，喂食时较不易洒出来。假如担心宝宝自己动手会打翻、舀食困难，也可考虑有吸盘或碗口内缩的设计。

3 分隔餐盘

使用餐盘可以帮助宝宝更清楚地看见食物，有利于感官的记忆和训练；至于大一点的孩子，把蔬菜、肉类或水果分开摆放，也有让孩子认识食物类别的教育作用。

4 叉匙

请留意叉匙外缘是否圆润不刮手，避免挑选太尖锐的。初期可使用软质匙面、浅口设计，较容易喂食。待宝宝大一点，再选择弯嘴设计的学习汤匙，让他自己动手练习。

营养食材篇

　　辅食到底应该提供宝宝哪些营养成分，为成长打好底子呢？在回答这个问题前，我们先来了解，如果宝宝不吃辅食，一直喝母乳或配方奶，将会有什么影响？奶粉里头虽然有蛋白质、维生素和矿物质等成分，但也容易让宝宝的饮食长期偏高脂，缺乏纤维素和铁等营养，造成肥胖或发育迟缓。随着宝宝的成长和热量需求，在奶品之外添加辅食，正好可以补足这部分，所以挑选食材时，也应该将此纳入考量。

运用天然食材，让宝宝健康成长！

　　开始吃辅食的初期，请以五谷根茎类为主，除了易消化吸收，也能提供宝宝蛋白质和糖类；10个月以上的宝宝活动量更大，可进一步提供肉类，除加强蛋白质的摄取之外，还有脂肪和矿物质等，特别是铁，若长期缺乏，容易影响智能和动作的发育。

　　辅食与成人食物不同，宝宝此时的肠胃道尚未发育成熟，小肠绒毛细胞的空隙较大，导致很多成分可能被吸收进入血液，引起身体的过敏免疫反应。

　　所以建议大家先从"低敏食材"开始尝试，慢慢地给宝宝的免疫系统少量而多元的刺激，这样的尝试接触可以训练宝宝的免疫系统，一旦免疫系统产生耐受性时，过敏症状自然减缓。

小常识

市售的"米精"和"麦精"也可作为辅食吗？

　　广义来说，"米精"和"麦精"也可作为辅食。很多爸爸妈妈在宝宝4个月后，会选择添加在奶粉里面喂食，顺序是先试米精，等宝宝6个月之后再考虑换麦精，因为后者较易引起过敏反应。但是，我担心市售品有添加物所以并不建议购买，本书中的全部食谱，强调天然食材制作，建议大家配合月龄，尽量给予宝宝天然食材制作的食物，吃得更健康安心。

常见食材过敏程度层级表

适合月龄	低 敏食物	中 敏食物	高 敏食物
	6个月以上	10个月以上	1岁以上
蔬菜类	• 胡萝卜　• 卷心菜 • 南瓜　　• 苋菜 • 地瓜　　• 上海青 • 甜菜根　• 油麦菜 • 马铃薯　• 白菜 • 西兰花	• 丝瓜　　• 玉米 • 菇类　　• 芋头 • 藻类　　• 豌豆	• 笋类　　• 茄子 • 山药　　• 韭菜
水果类	• 苹果　　• 番石榴 • 梨子　　• 水蜜桃 • 葡萄　　• 木瓜	• 番茄 • 香蕉 • 香瓜	• 草莓　　• 猕猴桃 • 芒果　　• 柑橘类
肉类		• 猪肉　　• 鸡肉 • 牛肉	• 鸭肉
五谷杂粮 坚果类	• 白米 • 燕麦	• 红豆　　• 杏仁 • 绿豆　　• 黄豆	• 胚芽米　• 芝麻 • 小麦　　• 花生 • 大豆　　• 核桃 • 黄豆　　• 腰果
奶类		• 芝士 • 奶油	• 鲜奶
蛋类		• 蛋黄	• 蛋白
海鲜类		• 白肉鱼	• 红肉鱼　• 蛤蜊 • 虾蟹　　• 海蛎

注：每个人的过敏体质不同，此表参考综合的资料，为一般状况下的食物过敏反应，若有特殊体质者，还是要谨慎地少量测试为宜，不可因为资料标示而降低警觉性。

卫生保鲜篇

食材的新鲜和卫生，比"好吃"更重要！

对我来说，准备宝宝辅食的关键，不仅仅在食材的选择上要谨慎小心，在食材的加工和处理上更要多下功夫。建议在家自己 DIY 的爸爸妈妈也要如此。比起食物好吃与否，"卫生"和"保鲜"更重要！

购买食材之后，必须仔细清洗、处理，确保卫生和易消化；烹煮和保存的过程中，也丝毫不容马虎。因为宝宝的肠胃和肝脏功能都尚未发育成熟，需要大人做好把关。

所以，正式进入食谱制作前，我还想提醒家长们几件事。

 ## 食材该如何清洗、处理？

经常有人问："蔬果类该用水洗，还是用蔬果清洁剂清洗？如何才能真正清洗干净呢？"原则上，如果选购有机蔬果，只要用干净的过滤水细心冲洗即可。即使不使用过滤水，普通的自来水也可以，**因为大部分的自来水都含有微量的氯，具有一定的杀菌和氧化效果**。假使仍不放心，最后可以用煮沸过的冷开水再冲洗一次。

至于一般市售蔬果，只要经过清洗去皮加上蒸熟的步骤，也不需要过度担心清洁问题。如果害怕农药残留或虫卵细菌滋生，以及进口水果为了保存，可能会打蜡、喷洒防腐剂等问题，也可考虑使用天然成分的蔬果清洁剂。例如萃取自椰子、橘皮等对人体无害，同时又具去油渍和杀菌效果的蔬果清洁剂，就可以安心使用。

● "洗菜"小诀窍

1 先去除蔬果的根茎部分，将泥块沙土冲洗干净。

2 置于流动的自来水中浸泡10~15分钟，利用水中的余氯将农药氧化，达到杀菌效果。

● "挑菜"小诀窍

1 西兰花只取花穗(前端花朵)的部分。

2 去除叶菜类的硬梗，只取嫩叶，茎部或纤维过粗的青菜不适合使用。

● "食材处理"小诀窍

1 深色食材用白色砧板，较易发现脏东西。

2 浅色食材、白肉鱼（如丁香鱼）则用深色砧板处理。

3 使用不同砧板分别处理蔬菜和肉类；生食和熟食也要分别处理。

2 │ 如何保存辅食？

食物当然越新鲜越好，但是"天天现煮"实在不容易，尤其是忙碌的双薪族爸妈，每天回到家已经累瘫，但为了宝宝的健康，还是想亲手准备安心的辅食餐点。这时应该怎么做呢？

其实，同时兼顾"营养卫生"和"效率"，并非不可能的任务，每周只要抽出半天的时间做准备，将辅食制成冰砖保存，需要时再加热食用，就可以节省很多时间。

很多人会问："做成冰砖后，营养会不会流失？新鲜度够吗？"家长们不用过度担心，现代冰箱功能强大，急速冷冻之下，食物的新鲜程度并不亚于现做。

建议在周末时备好隔周的分量，先将食材加热：米饭、肉类、根茎类用蒸的；叶菜类则先汆烫。接着再酌量加水，用食物处理机或研磨器磨碎搅拌，再分装至适合的制冰盒，放凉后置入冷冻室即可。

一般来说，水果泥、蔬菜泥、米糊、白粥、高汤等，都很适合制成冰砖。

刚开始可以选择尺寸较小的制冰盒，比较容易掌握宝宝的食量，等宝宝食量增加后，再换成大一点的制冰盒比较省事。

此外，冰砖一旦取出加热之后，就不可再重复冷冻，也不要隔餐食用。因为常温下可能会滋生细菌，而且无论再次冷冻或冷藏，皆无法确保卫生安全无虞。其实辅食的分量都不多，若不想浪费，家长帮忙解决也不失为一个好方法。

简单 2 步骤，轻松做"冰砖"

制冰盒有许多不同的形状，长条形制冰盒适合放米、面等淀粉类主食，方形制冰盒则适合放各种肉泥、蔬果泥等。也可选购特殊造型的置冰盒，缤纷可爱的冰砖，除了吸引宝宝的目光，就连爸爸妈妈也乐在其中呢！

步骤 1

先估算冰砖容量

买回制冰盒合，先用量杯装水进制冰盒，将总容量除以格数，就能计算出每颗冰砖的容量，方便日后准备材料和烹煮分量的拿捏。

步骤 2

不同食材，分别盛装

将烹煮、搅拌完成的食物，放凉后再分别倒入制冰盒内，单一食材尽量使用单独的制冰盒，避免味道混杂，影响辅食的口感和新鲜度。

小叮咛

1. 盛装时，格子之间尽量不要相连，取出冰砖时比较不费力。

2. 如果很难取出，不妨用开水稍微冲洗底部，通常都能轻松脱膜。但要避免开水渗入冰砖，稀释掉营养成分。

冰砖保存小技巧

① 在冷冻室内留一专区，避免辅食的制冰盒与其他鱼肉生鲜等混杂，造成异味污染。

② 使用有盖制冰盒或套上保鲜袋，避免被污染。另外可在保鲜袋上标注制造日期和名称。

③ 冷冻期以一周为限，越快食用完毕越好。超过一周以上的冰砖，不宜再加热给宝宝吃。

④ 食用时请取出冰砖直接加热，切忌于室温下慢慢退冰，容易滋生细菌；也要避免反复解冻，若当餐吃不完，请做垃圾处理。

3 | 外出时，如何保鲜辅食？

制作辅食和宝宝餐点的过程中，完全未添加任何防腐剂，加上很少调味，比起重口味的大人食物更容易酸腐，因此必须非常注意保鲜。

碰上外出或旅行时，该如何解决宝宝的三餐呢？若是半天内的短暂外出，可以将现做的新鲜食物泥、粥品，或是冰砖加热后，倒入保温瓶内保存，尽量一次喂食完毕，避免久放或在室温下反复取出。

冬天时安排半天外出，假如有地方可以加热，也可考虑将冰砖分装在夹链袋内，用保冷剂和保冷袋存放，尽量在冰砖融化之前，以微波炉或电锅加热，并一次食用完毕。

超过半天以上的外出活动，建议携带简易的研磨器或食物剪等工具，挑选新鲜水煮的蔬果或调味清淡的食物（若能以开水稍加冲洗更佳），当场应变制作，将食物研磨或剪碎至宝宝适口的程度，更能确保宝贝吃得卫生、健康。

外出保鲜小技巧

步骤

1

将新鲜温热的粥品倒入保温瓶内，要吃时直接食用。

步骤

2

将冰砖分类后放入夹链袋，再连同保冷剂，一起放入保冷袋里面，宝宝要吃时再拿出来加热。

小叮咛

① 喂食前，大人最好先尝一口，确认食物的新鲜度。

② 外出准备的分量不宜过多，务必一次食用完毕，吃不完的部分，只能丢弃或由大人解决，千万不能再给宝宝吃。

③ 无论保温瓶或保冷袋，保鲜效果都有限，不宜超过4小时，尤其是夏天高温时，食物容易馊坏，要特别留意。

第 4 章

新手爸妈也能轻松上手的 150 道美味食谱

营养均衡、无添加的安心配方

　　说到要进厨房替宝宝准备辅食，很多家长第一个反应是："我不太会煮菜怎么办？"对于这样的焦虑，身为过来人的我们常开玩笑说："只要做到干净卫生，其实宝宝是最不挑嘴的客人。"不只这样，看到宝宝赏脸吃光光，下厨的自信心顿时大增，也会越做越有兴趣！

　　为了让初次尝试辅食制作的人，能够更加得心应手，本章除了完整提供150道的食谱材料和做法，另外也整理归纳出各阶段食物泥、高汤、粥品、面食等的关键步骤，以及宝宝进食的注意事项。

"全营养食谱" 使用说明

　　针对 0 ～ 5 岁的婴幼儿，本书介绍 9 大类的辅食，家长可以依据宝宝的年龄及需求制作。食谱中的适用月龄是按照宝宝不同阶段的身心成长，建议可尝试的配套饮食。但每个孩子都是独特的，还需考虑身心发育的快慢或体质，父母必须花心思观察了解，才能给宝宝最佳的照顾。

如何把握辅食的 "制作分量"？

　　每一餐都新鲜现做是最理想的状况，但宝宝食量小，加上制作器具如搅拌棒或果汁机，如果食材分量太少，运转反而不易。建议每一次制作 "单天分量" 的辅食（每天 3 ～ 5 餐），既方便又能维持新鲜卫生。本书食谱的材料克数，是符合该阶段宝宝月龄的 "每天分量"，如果考虑时间效率，也可以自行调整，采相等的比例增加克数，每周制作冰砖 1 ～ 2 次，食用时再加热即可。但海鲜鱼类的粥品或面饭和汤类，建议要当日新鲜现做，避免酸坏生菌。

如何不让宝宝餐煮得过咸？辅食的 "调味原则"

　　做菜时难免会依照自己的口感调味，辅食要如何调味才不会过咸或过甜呢？只要掌握下列的调味说明，就能轻松料理出健康天然的宝宝餐喔！

辅食调味量	大人餐调味量	说明
无调味	不加任何调味	完全不调味
低调味	3 分咸	大人餐放一匙盐，低调味只需放大人餐的 3/10
中调味	5 分咸	只需放大人餐调味量的一半
重调味	7 分咸	只需放大人餐调味量的 7/10
低调味（甜粥类）	4 分甜	大人餐是一匙糖，低调味只需放大人餐的 4/10

亲手做一道，新鲜又健康的爱心宝宝餐

本书食谱可以单独食用或搭配面饭粥品。如果需要搭配时，请先以宝宝的食量为基准，小碗盛装后，再佐以配料如食物泥或烩料等。吃多少准备多少，千万不要把食物泥直接拌入一锅粥里，或是把面条全部放入烩料，避免风味失准，吃不完时也容易酸坏。

	辅食类型	适用月龄	调味量	页数
1	食物泥	4 个半月以上	无	P54
2	高汤、米糊、燕麦糊	5 个半月以上	无	P66
3	蔬果高汤粥	6 个月以上	无	P78
4	鸡腿骨蔬果高汤粥	10 个月以上	无	P93
5	甜味蔬果高汤粥	12 个月以上	低调味＝4 分甜	P116
6	香醇贝壳面、奶香炖饭	15 个月以上	低调味＝3 分咸	P124
7	健康美味烩料	18 个月以上	低调味＝3 分咸	P147
8	炖汤面线、低盐炒饭	20 个月以上	中调味＝5 分咸	P160
9	幼儿专区	3 ~ 5 岁	重调味＝7 分咸	P169

食物泥

让宝宝爱上吃饭的第一道食谱

> ● 调味量：无   ● 喂食建议：单独食用或添加在粥品里
> ● 适用月龄：4 个半月以上

4 个半月以上的宝宝，如果没有严重的过敏或其他状况，就可以开始尝试辅食，由流质食物渐渐进入半流质了。这个阶段，主食还是母乳或配方奶，辅食只是少量尝试，爸爸妈妈不用担心宝宝不肯吃辅食或是吃太少，只要母乳或配方奶喝够就好。

● 从"根茎类蔬果"开始尝试

建议先从低敏的根茎类蔬菜，像是南瓜、地瓜和甜菜根开始制作辅食，一次只吃一种，不要混合喂食，才能确定宝宝是否对该食物过敏。如果连续喂食几天都无异状，就可以尝试其他食材，慢慢扩展宝宝对于食物的体验。

● 10 个月后再开始尝试"肉泥"

很多家长认为吃肉比较营养，一开始就喂食肉泥，其实辅食并非这阶段的主要营养来源，宝宝主食的母乳或配方奶已经含有充足的营养素。4 个半月大的宝宝，肠胃尚未健全，辅食还是应以蔬果为主，肉泥可以等到 10 个月再尝试。蛋也不要太早喂食，10 个月大的宝宝可以先从蛋黄开始尝试。

● 千万不要添加调味料

特别提醒，婴幼儿的解毒能力还未发育完全，这个阶段的辅食严禁添加调味料，而且除了水果泥之外，其他制作辅食的蔬果皆需经过蒸煮等步骤，千万不要让幼儿生食，避免危害健康。

宝宝到底吃了多少？
只要 3 步骤，精准测量

喂食辅食的过程有时犹如世界大战，混乱之中，到底宝宝吃进去多少？还真是令人伤脑筋！虽说一开始不需在意喂食分量，但透过下面的简单步骤，爸爸妈妈还是能够掌握宝宝的食量，当作日后准备食材及喂食的参考。

步骤 1

先测量"空碗＋汤匙"
的重量

步骤 2

测量"餐具＋辅食"
的重量

步骤 3

宝宝吃完后，再量
"餐具＋剩余辅食"的重量

只要 3 步骤，自制食物泥超简单！

水果类

1
洗净后，去皮切块

2
直接研磨成泥状

3
纤维较多的水果
可用研磨棒

小叮咛

1. 制作水果泥时，通常水果本身的水分已足够，不用再另外加水。
2. 除了搅拌棒或果汁机，也可用滤网、研磨器等器具处理食物泥或水果泥。
3. 若水果纤维过多，需滤渣后再喂食。

根茎类

1
彻底洗净去皮

2
切块后用电炖锅蒸熟，
静置放凉

3
再用搅拌棒打成泥

小叮咛

1. 蒸食务必使用煮沸的开水或过滤掉氯的水，因为氯有致癌的危险。
2. 少量制作时，搅拌棒比果汁机方便，可以避免一半的食材都黏在果汁机里被"吃掉"，清洗果汁机也较花时间。

1

切除根茎部分，
只留花穗部位

2

烫熟后捞起，
用冷开水急速保鲜

3

搅拌打成蔬菜泥

小叮咛

① 宝宝的便秘问题困扰很多家长，除了增加水分的摄取，给予适量的水果泥和蔬菜泥可以有效改善便秘。

② 处理叶菜类时，务必去掉硬梗和粗茎的部分。挑选叶菜时，如果有部分枯黄，则代表不够新鲜，不宜制作辅食。

肉 泥

1

将肉洗净后，
切成肉丝或肉丁煎熟

2

放凉后，放入搅拌器

3

搅拌打成肉泥

小叮咛

① 先将肉丝干炒，逼出多余油脂，同时增加香气，冷却后打成泥又香又绵密！

② 也可以先将肉蒸煮后打泥，不过水分容易流失，肉质会变老，影响口感。

南瓜泥

富含膳食纤维及维生素 A，自然的甜味宝宝超爱！

4个半月以上 | 富含维生素A | 增强抵抗力

材料

南瓜 300 克。

做法

1. 南瓜洗净削皮、切块。
2. 放入电炖锅或蒸锅中，外锅加一杯开水，蒸熟后取出放凉。
3. 加入适量开水，用搅拌器将蒸熟的南瓜打成泥。

★ 温馨提示 ★

1. 根茎类蔬果打泥时，不一定要加水，若宝宝喜欢口感较稀的蔬菜泥，可酌量加水。
2. 有些品牌的搅拌棒是塑胶材质的，建议食物蒸熟后，先放凉再搅拌比较好。
3. 6个月以下的食物泥愈细愈好，因为宝宝初期常会抗拒有颗粒感的食物。
4. 部分食材如甜采根、胡萝卜等，喂食后宝宝的便便也会改变颜色，这是天然色素排出，属于正常现象，请不用担心。

甜菜根泥

甜菜根富含钾、磷、铁与易吸收的糖，帮助消化。

 材 料　甜菜根 300 克。

做 法
1. 甜菜根洗净削皮、切块。
2. 放入电炖锅或蒸锅中，外锅加一杯开水，蒸熟后取出放凉。
3. 加入适量的水，用搅拌器将甜菜根打成泥。

马铃薯泥

高营养、低脂肪，富含维生素 C 和钾。

 材 料　马铃薯 300 克。

做 法
1. 马铃薯洗净削皮、切块。
2. 放入电炖锅或蒸锅中，外锅加一杯开水蒸熟。
3. 加入适量开水，用搅拌器将马铃薯打成泥。

综合水果泥

富含膳食纤维，口感微甜，果香浓郁，宝宝接受度高。

5 个月以上　富含纤维　自然果香

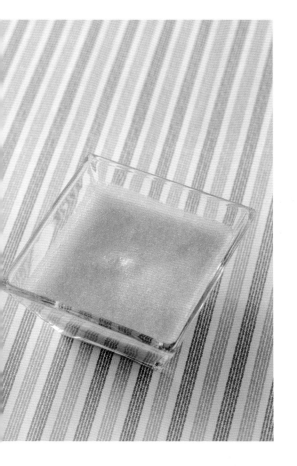

材料

菠萝100克、苹果100克、番石榴100克。

做法

1. 菠萝和苹果削皮、切块，番石榴挖籽后切块备用。
2. 先将菠萝用研磨器磨成水状，再加入其他水果继续打成泥。

★ 温馨提示 ★

菠萝

菠萝含有"菠萝蛋白"，可能引起少数人的过敏反应，第一次尝试时降低用量，观察宝宝有无特殊反应，如果没有就可放心食用。或是去皮切块后，先用热开水烫煮过，以清除过敏物质。大人食用时可泡盐水，但宝宝不行，会摄取过多盐分引起肾脏问题。

西兰花泥

含维生素和钙，同时具抗氧化、抗炎等作用。

5个月
以上

富含钙

增强
抵抗力

材料

西兰花 300 克。

做法

1. 西兰花只取花穗部分，洗净备用。
2. 煮一锅水，待水沸后放入约2分钟，变色后，等水再度煮沸即可取出。
3. 捞起后放入冷开水中，浸泡保鲜。
4. 再用搅拌器搅打成泥。

★ 温馨提示 ★

西兰花

西兰花的营养价值较花菜还高，它富含维生素 A、C，还能增强视力。选购时，以花球表面密集者为佳，愈新鲜的西兰花，花球颜色愈脆嫩；假如放置太久，花球容易转黄且萎缩、疏松，不可用来制作辅食。

地瓜泥

口感香甜易入口，纤维多，能帮助宝宝消化。

材 料　地瓜 300 克。

做 法
1. 地瓜洗净削皮、切块。
2. 放入电炖锅或蒸锅中，外锅加一杯开水，蒸熟取出。
3. 加入适量开水，用搅拌器将地瓜打成泥。

综合根茎果泥

β–胡萝卜素在体内会转为维生素 A，能增强抵抗力。

材 料　马铃薯 100 克、地瓜 150 克、胡萝卜 100 克、甜菜根 50 克。

做 法
1. 将上述材料分别削皮、切块。
2. 放入电炖锅或蒸锅中，外锅加一杯开水，蒸熟后取出。
3. 加入适量开水后搅打成泥。

综合蔬菜泥

6个月以上　营养多样　促进肠胃蠕动

菠菜富含铁和类胡萝卜素、叶酸、膳食纤维和多种维生素。

材料

菠菜 50 克、油麦菜 50 克、小白菜 100 克、西兰花 50 克。

做法

1. 将食材洗净，切小段。
2. 煮一锅水，待水沸后再将材料放入烫熟。
3. 捞起后，放入冷开水中浸泡保鲜。
4. 用搅拌器将所有蔬菜打成泥。

★ 温馨提示 ★

1. 硬梗要切除，只使用嫩叶部分，避免纤维太多，宝宝不易消化吸收。
2. 拌入米糊、白粥都很适合，可避免菜味太重。
3. 小白菜的菜味比较轻，可以多加一点，平衡口感。

鸡肉泥

鸡肉是容易消化的肉类，富含蛋白质、钙、磷、铁、维生素，十分滋补。

10个月以上　优良蛋白质　营养好吸收

材料

鸡肉 500 克。

做法

1. 鸡肉洗净，切片或切小丁。
2. 热锅后放入鸡肉，以小火炒熟，观察肉是否已变色全熟。
3. 起锅放凉后，再用搅拌器打成泥即完成。

小叮咛 第一次制作肉泥时，以 500 克尝试比较容易，等掌握成品分量后，可以自行调整克数。

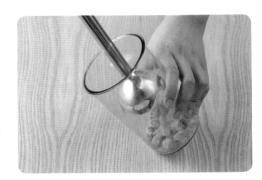

牛肉泥

牛肉是铁含量最高的肉类，同时富含蛋白质
及维生素 A、B 族维生素、锌、钙、氨基酸
等营养素。

材 料

牛肉 500 克。

做 法

1. 牛肉洗净，切丝。
2. 热锅，将牛肉丝以小火炒熟，观察
   肉是否已变色全熟。
3. 起锅放凉后，再用搅拌器打成泥即
   完成。

★ 温馨提示 ★

1. 尽量不另外放油。
2. 肉泥单独喂食可能味道较重，建议加入燕麦糊、米糊、
   白粥或其他面食里，拌匀即可食用。

② 高汤、米糊、燕麦糊

为宝宝打下健康的基础！

- 调味量：无
- 适用月龄：5个半月以上
- 喂食建议：单独吃，也可加入食物泥

　　辅食的制作步骤虽然简单，但准备起来也很费时，为了帮助父母轻松上菜，我们就从熬一锅营养好汤开始，接着自己动手做米糊。熟练后就能以米糊和燕麦糊为基底，加入各式蔬菜泥及肉泥，变化出更多元的美味宝宝餐啰！

● 哪些食材适合熬煮"宝宝高汤"？

　　5个月大的宝宝，肠胃还无法负担油脂，可以用哪些食材熬煮高汤呢？建议选择卷心菜、苹果、玉米、胡萝卜、白萝卜、洋葱等熬煮蔬菜高汤，如果没有特别的过敏反应，可以加入海带熬汤，摄取丰富的钙。10个月之后，也可更换成猪肋骨或鸡腿骨等增加口味的变化。

● 担心过敏可从"米糊"开始尝试

　　市售的米精和麦精虽然方便，但仍可能有添加剂。自己动手熬粥打成米糊比较安心。很多人担心谷类所含的麦质容易引起过敏，建议先从低敏易吸收的米糊开始喂食，如果宝宝适应良好，再进一步喂食燕麦糊。

可以用"奶瓶"喂食辅食吗？

　　有些妈妈会把米糊或燕麦糊煮得很稀，然后加入奶粉用奶瓶喂食，除非有特殊考虑，否则并不建议这么做。因为用汤匙喂食更好，除了锻炼宝宝的咀嚼能力外，米糊和燕麦糊经过唾液的分解作用，会变得容易消化吸收。

"宝宝安心高汤"
基本制作 4 步骤

高汤可以直接给宝宝喝，也可用来煮饭熬粥；或是加入米糊里面，增加营养。

1 将鸡骨头洗净，余烫 2 遍后备用。

2 蔬菜洗净切段，加水至八分满，煮开，水沸后用小火熬 2 小时。

3 接着放入余烫好的骨头，续煮 1 小时，共熬煮 3 小时。

4 将高汤沥出放凉，再捞掉浮油。

小叮咛

① 完全不加调味，熬煮过程中，可酌量加水稀释，避免高汤太浓稠。

② 水量大约加至八分满，能覆盖过食材即可。

③ 依锅具大小调整分量，蔬菜可视个人口感喜好，肉骨不要太多，避免油腻。

总汇蔬果高汤

5 个半月以上 · 营养丰富 · 口感鲜甜

蔬果熬煮的素汤，清爽无负担，不需调味就吃得到天然甜味。

材 料

卷心菜 1/4 颗、苹果 1 颗、玉米 1 根、胡萝卜 1 根、白萝卜半根、洋葱 1 颗。

做 法

1. 卷心菜剥成小片，玉米、苹果去蒂、去皮，胡萝卜去皮，白萝卜削皮，洋葱对切去皮。
2. 将食材放入锅中，加水至八分满（覆盖过食材），再以小火熬煮 3 小时。
3. 水分若减少，可再加入适量的水，再熬煮 20 分钟即可。

★ 温馨提示 ★

全蔬果的素高汤，适合月龄较小或肠胃敏感的宝宝，自然甘甜的口感，完全不需加任何调味，就能获得丰富的营养成分。

海带综合蔬果高汤

5个半月以上 · 百搭汤品 · 自然香气

加入海带熬出清澈淡茶色的汤头，口感更添鲜味。

材料

卷心菜 1/4 颗、苹果 1 颗、玉米 1 根、胡萝卜 1 根、白萝卜半根、洋葱 1 颗、海带 100 克。

做法

1. 卷心菜剥成小片、玉米切段、苹果去蒂去皮、胡萝卜去皮、白萝卜削皮、洋葱对切去皮，加入海带。
2. 将食材放入锅中，加水至八分满（覆盖过食材），再以小火熬煮 3 小时。
3. 水分若减少，可再加入适量的水，再熬煮 20 分钟即可。

★ 温馨提示 ★

海带

海带富含 DHA（二十二碳六烯酸）、EPA（二十碳五烯酸）等被称为"海洋维生素"的营养成分，并有多种矿物质如钾、钙等。此外，海带丰富的食物纤维还能促进肠道蠕动、改善便秘。

猪肋骨蔬果高汤

10 个月 以上　多种 维生素　口感 丰富

用肉骨熬汤，摄取必要的油脂，有助宝宝的成长。

材 料

猪肋骨 300 克、卷心菜 1/4 颗、苹果 1 颗、玉米 1 根、胡萝卜 1 根、白萝卜半根、洋葱 1 颗。

做 法

❶ 猪肋骨切段、卷心菜剥成小片、玉米切段、苹果去蒂去皮、胡萝卜去皮、白萝卜削皮、洋葱对切去皮。

❷ 将材料❶放入锅中，加水至八分满（覆盖过食材）后煮开，水沸后以小火熬煮 2 小时。

❸ 水分减少后，再将余烫过的猪肋骨，续煮 1 小时，共熬煮 3 小时完成。

❹ 将高汤沥出放凉，再捞掉浮油，即可分装、冷冻，需要时取出使用。

★ 温馨提示 ★

❶ 再次提醒爸爸妈妈，猪大骨含铅量高，记得选用猪肋骨熬汤，宝宝才能吃得安心。

❷ 熬汤时，最后 1 小时再放入猪肋骨，避免高汤太浓稠油腻，帮助宝宝更容易消化吸收。

鸡腿骨蔬果高汤

10 个月
以上

天然
油脂

增强
体力

比清汤更浓郁一点，搭配煮粥或饭，营养丰富。

材 料

鸡腿骨 300 克、卷心菜 1/4 颗、苹果 1 颗、玉米 1 根、胡萝卜 1 根、白萝卜半根、洋葱 1 颗。

做 法

① 鸡腿骨切段、卷心菜剥成小片、玉米切段、苹果去蒂去皮、胡萝卜去皮、白萝卜削皮、洋葱对切去皮。

② 将材料①放入锅中，加水至八分满（覆盖过食材）煮开，水沸后小火熬 2 小时。

③ 水分减少后，再将氽烫过的鸡腿骨续煮 1 小时，共熬煮 3 小时完成。

④ 将高汤沥出放凉，再捞掉浮油，即可分装、冷冻，需要时取出使用。

★ 温馨提示 ★

① 捞油有诀窍，将高汤放凉后，放入冰箱冷藏，隔夜浮油会结成一层油片，很容易就能刮除。

② 如果没有鸡腿骨，用鸡胸骨或其他部位的鸡骨也行，原则是要处理干净。

宝宝最爱"原味米糊"基本制作

比起现成方便的米精或麦精，我更推荐用白米熬煮的米糊，虽然去除胚芽和米糠层后的白米，营养成分不如糙米，但能因此降低宝宝的过敏反应，可以说是东方宝宝第一道谷类辅食的最佳选择。建议初期少量制作，从稀淡到浓稠，慢慢让宝宝适应不同于母乳的口感。

 步骤 1　白米加入高汤与水，以小火熬煮成白粥。

步骤 2　待冷却后，用搅拌器打成糊状即完成。

步骤 3　可拌入燕麦片或其他食物泥一起食用。

小叮咛

❶ 水量决定米糊和燕麦糊的浓稀程度，口感也会不同。米水基本比例：米汤为1：10、米糊为1：7、米粥为1：5（米粥经搅打后即为米糊）。

❷ 燕麦片要先加开水搅拌打匀，再分次加入白粥，慢慢搅打到适合的浓稠度。此外，水分也不宜过多，否则喂食时容易流出来，宝宝无法含在嘴里咀嚼。

原味米糊

❶ 刚开始可以从米汤尝试，慢慢增加浓稠度。

❷ 米糊选用白米，容易吸收，会减少宝宝的肠胃负担，适合刚开始吃辅食的幼儿。至于胚芽米糊或糙米糊，营养成分虽然更高，但易引发过敏，建议12个月以上再食用。

★ 温馨提示 ★

等宝宝适应米糊后，可考虑加入单一食物泥，将地瓜、南瓜或甜菜根切块蒸熟后加水打成泥，拌入米糊，增加营养和变化。

燕麦米糊

燕麦富含B族维生素、维生素E及蛋白质，建议5个半月大的宝宝可以开始尝试。

材 料

1杯米、2杯水、3杯海带高汤、冲泡式燕麦粉适量。

做 法

❶ 将米加入高汤与水，以小火熬煮成粥品。

❷ 粥放凉后，取单餐分量加入燕麦粉，用搅拌棒打成泥状。

小贴示

若使用燕麦片，要先加少许开水搅打拌匀至糊状，再分次加入白粥中慢慢搅打。若一次将全部燕麦糊放入整碗粥中，不但难以搅拌，还会有颗粒感。

地瓜燕麦米糊

谷物的口感比较不讨喜，加上甘甜的地瓜更能开胃。

材料

地瓜 100 克、燕麦粉适量、1 杯米、2 杯水、3 杯海带高汤。

做法

❶ 地瓜削皮切块，蒸熟放凉后，再搅打成泥。

❷ 将米加入高汤与水，以小火熬煮成粥品。

❸ 粥放凉后取单餐分量加入燕麦粉，以搅拌棒打成泥状。

❹ 最后加入适量的地瓜泥拌匀。

甜菜燕麦米糊

宝宝的便秘问题常令人困扰，不妨尝试这个天然的高纤组合！

材 料

甜菜根 100 克、燕麦粉适量、1 杯米、2 杯水、3 杯海带高汤。

做 法

1. 甜菜根削皮切块，蒸熟后放凉，再搅打成泥。
2. 将米加入高汤与水，以小火熬煮成粥品。
3. 粥放凉后，取单餐分量加入燕麦粉，以搅拌棒打成泥状。
4. 最后加入适量的甜菜根泥。

★ 温馨提示 ★

五谷根茎类是糖类的主要来源，也是热量的最佳补给，如果宝宝不爱喝配方奶或是奶量慢慢减少，建议将食物泥加入燕麦米糊中，定时喂食，满足成长所需。

南瓜燕麦米糊

口感香甜易入口、纤维多，能帮助宝宝消化。

材料

南瓜 100 克、燕麦粉适量、1 杯米、2 杯水、3 杯海带高汤。

做法

❶ 南瓜削皮切块，蒸熟放凉后，加入半杯开水打成泥。

❷ 将米加入高汤与水，以小火熬煮成粥品。

❸ 粥放凉后，取单餐分量加入燕麦粉，用搅拌棒打成泥状。

❹ 最后加入适量的南瓜泥拌匀即可。

★ 温馨提示 ★

米糊具饱腹感，但配合宝宝的食量，如果担心白米的比例太高会引起过敏，不妨添加其他食材如南瓜或甜菜根等，减少米饭的摄取量，也让营养更均衡。

蔬果高汤粥

零调味，善用食材的混搭变化，口感还是一级棒！

- 调味量：无
- 适用月龄：6个月以上
- 喂食建议：单独食用

当宝宝能接受的食物种类越来越多时，不妨加点变化为辅食添色彩。只要掌握几个搭配原则，还能兼顾多种食物的营养。千万别把食物全部混在一起煮到软烂，培养宝宝对食物的品味，就从辅食的制作开始。

辅食也可以运用五色蔬果的健康理念，不同色系的蔬果，有其独特的营养成分和功效，能帮助宝宝成长发育。爸爸妈妈可以参考下方表格，准备全营养的宝宝辅食大餐。端上桌时，也可放在分格餐盘内，呈现食物的缤纷感，既能促进食欲，也让宝宝学习分辨不同食物的口感。

● 五色缤纷蔬果，打造全营养辅食大餐

	蔬果名称			营养成分	益处
红色	番茄	甜菜根	胡萝卜	茄红素、鞣花酸等	**消化道·泌尿道**
橘黄色	玉米	南瓜	地瓜	叶黄素、柠檬黄素等	**皮肤·眼睛**
绿色	叶菜类	西兰花	豌豆	花青素、类黄酮素等	**视力·骨骼·牙齿**
蓝紫色	香菇	芋头	海藻类	花青素及维生素 B_2 等	**肾脏·脑**
白色	洋葱	山药	萝卜	大蒜素、槲皮素等。	**骨骼·血管**

分开处理，确保口感和新鲜

为了让各种食材保持原有风味，请分开处理，才能维持口感和新鲜度。根茎类如地瓜、马铃薯、南瓜等，适合用蒸的，易熟又不会变色；蔬菜类如小白菜、菠菜等，汆烫后泡冷开水更能保持新鲜度。尽量将食物分别打成食物泥后，再拌入粥品内食用，才能吃到食物真正的味道。

菇类、藻类、玉米等

1 挑选洗净后，切成适当大小

2 再用沸水烫熟

3 放凉后打成泥状，酌量加水避免太稠

煮一锅新鲜白粥

食材比例为 1 杯米、2 杯水、3 杯高汤

1 1 杯米加 2 杯水

2 再加 3 杯高汤

3 熬煮成软熟白粥

小常识

如何挑选好米？

❶ 优先选择本地米。

❷ 闻一闻有没有米香？如果有霉味就不行。

❸ 摸摸看米粒有没有很多粉末？如果很少，表示氧化程度低；很多就是氧化严重，不够新鲜。

❹ 米粒充实饱满，透明有光泽，大小比较一致的，代表品质好；相反的，如果米粒有异色，变黄或非透明的，大小也不一，即表示品质或保存状况不佳。

综合蔬菜泥粥

6个月以上 | 富含纤维 | 促进代谢

绿色蔬菜含有多种维生素和植物生化素等营养成分，可提升免疫力。

材料

菠菜 50 克、油麦菜 50 克、小白菜 100 克、上海青 50 克、1 杯米、2 杯水、3 杯海带高汤。

做法

1. 将 1 杯米、2 杯水、3 杯高汤煮成白粥。
2. 蔬菜切小段。
3. 水沸后放入，约煮 1 分钟（变色），捞起后放入冷开水浸泡保鲜。
4. 用搅拌器将蔬菜打成泥。
5. 适量加入单餐分量的粥中，搅拌均匀即可。

★ 温馨提示 ★

菠菜

菠菜富含铁与类胡萝卜素，叶酸，膳食纤维，维生素 C、B_1、B_2 等，可改善贫血并促进肠胃蠕动，堪称蔬菜之王。挑选菠菜时以叶片肥厚、色泽翠绿、茎直挺无弯折的品质较好。有时泥沙较多，可用清水多冲洗几次，即可开始烹调。

地瓜甜菜根泥粥

以肉质根为食用部分的根茎蔬菜，除膳食纤维外，还有优质蛋白和营养。

材 料

1 杯米、2 杯水、3 杯海带高汤、地瓜 100 克、甜菜根 50 克。

做 法

1. 将 1 杯米、2 杯水、3 杯高汤先煮成粥待用。
2. 地瓜、甜菜根削皮切块，蒸熟后打成泥。
3. 适量加入单餐分量的粥中，搅拌均匀即可。

★ 温馨提示 ★

甜菜根

古希腊神话中，甜菜根被称为"阿波罗的礼物"，在草药里有极高的地位，相当于中国的灵芝。甜菜根富含维生素 B_{12} 与铁质，营养价值高，高纤维可以帮助宝宝排便。挑选时以个头小、扎实有重量者为佳，越大反而越不甜。

地瓜西兰花泥粥

地瓜甜度高，可调合西兰花的菜味，让口感更容易被宝宝接受。

材料

1 杯米、2 杯水、3 杯海带高汤、地瓜 100 克、西兰花 50 克。

做法

1. 将 1 杯米、2 杯水、3 杯高汤先煮成粥待用。
2. 地瓜削皮切块，蒸熟后打成泥。
3. 西兰花只取花穗部分，用沸水烫熟后捞出放入冷开水冷却，打成泥。
4. 分别将地瓜泥与西兰花泥适量加入单餐分量的粥中，搅拌均匀即可。

★ 温馨提示 ★

　　"蔬果高汤粥品"系列的食谱，适合 6 ~ 10 个月大的宝宝，因此选用无添加肉类的海带高汤熬煮。若要给 10 个月以上的宝宝吃，可改用肉骨高汤熬煮，营养更丰富哦！

地瓜胡萝卜泥粥

6个月以上　含维生素A　帮助骨骼发育

深色蔬菜的营养成分高于浅色蔬菜，地瓜和胡萝卜是最佳代表。

材料

1 杯米、2 杯水、3 杯海带高汤、地瓜100 克、胡萝卜 50 克。

做法

1. 将 1 杯米、2 杯水、3 杯高汤先煮成粥待用。
2. 地瓜、胡萝卜削皮切块，蒸熟后打成泥。
3. 将 2 适量加入单餐分量的粥中，搅拌均匀即可。

★ 温馨提示 ★

地瓜

　　富含膳食纤维的地瓜，可以帮助宝宝顺利排便。红肉绵密，黄肉松软，挑选外皮无虫伤、形状完整、拿起来沉甸甸者为佳。虽然地瓜连皮吃可以保留更多养分，但制作宝宝辅食时，还是削皮使用，避免未洗净的土壤内有细菌。

南瓜西兰花泥粥 1

6 个月以上　口感清爽　营养均衡

材料

1 杯米、2 杯水、3 杯海带高汤、南瓜 100 克、西兰花 50 克。

做法

① 将 1 杯米、2 杯水、3 杯高汤先煮成粥待用。

② 南瓜削皮切块，蒸熟后打成泥。

③ 西兰花只取花穗部分，用沸水烫熟后捞出放入冷开水冷却，打成泥。

④ 分别将适量②、③加入单餐分量的粥中拌匀。

南瓜胡萝卜泥粥 2

材料

1 杯米、2 杯水、3 杯海带高汤、南瓜 100 克、胡萝卜 50 克。

做法

① 将 1 杯米、2 杯水、3 杯高汤先煮成粥待用。

② 南瓜、胡萝卜削皮切块，蒸熟后打成泥。

③ 适量加入单餐分量的粥中，搅拌均匀即可。

南瓜甜菜根泥粥 3

材料

1 杯米、2 杯水、3 杯海带高汤、南瓜 100 克、甜菜根 50 克。

做法

① 将 1 杯米、2 杯水、3 杯高汤先煮成粥待用。

② 南瓜、甜菜根削皮切块，蒸熟后打成泥。

③ 适量加入单餐分量的粥中，搅拌均匀即可。

★ 温馨提示 ★

南瓜

从灰姑娘的南瓜马车，到万圣节的南瓜灯，南瓜在西方一直具有特殊地位。南瓜富含膳食纤维，能让宝宝消化顺畅，但是摄取过多的胡萝卜素也容易让皮肤变黄，虽然一阵子就会褪掉，但还是酌量为宜。挑选南瓜时，选择外皮无伤、蒂头及形状完整者为佳，拿起来越重越好。

马铃薯地瓜西兰花泥粥

马铃薯和地瓜含糖量高、甜度也较高，加入西兰花可稍微平衡。

材料　1杯米、2杯水、3杯海带高汤、马铃薯50克、地瓜100克、西兰花50克。

做法
1. 将1杯米、2杯水、3杯高汤先煮成粥。
2. 地瓜、马铃薯削皮切块，蒸熟后打成泥；再取西兰花的花穗，烫熟后放入冷开水中冷却，打泥备用。
3. 将2适量加入单餐分量的粥中拌匀即可。

马铃薯地瓜综合菇泥粥

菇类是高蛋白、低脂、富含天然维生素的优质食材。

材料　1杯米、2杯水、3杯海带高汤、马铃薯50克、地瓜100克、菇类50克。

做法
1. 将1杯米、2杯水、3杯高汤先煮成粥。
2. 地瓜、马铃薯削皮切块，蒸熟后打泥；菇类洗净去蒂，烫熟后打泥。
3. 将2适量加入单餐分量的粥中拌匀即可。

马铃薯地瓜甜菜根泥粥

维生素
丰富

补充
体能

马铃薯属于淀粉类，但热量并不高，很适合用来制作辅食。

材 料 1 杯米、2 杯水、3 杯海带高汤、马铃薯 50 克、地瓜 100 克、甜菜根 50 克。

做 法
1. 将 1 杯米、2 杯水、3 杯高汤先煮成粥待用。
2. 地瓜、马铃薯、甜菜根削皮切块，蒸熟后打成泥。
3. 适量加入单餐分量的粥中拌匀。

马铃薯地瓜胡萝卜泥粥

胡萝
卜素

有助
视力

根茎蔬果营养高而且属性温和，特别适合冬季养生。

材 料 1 杯米、2 杯水、3 杯海带高汤、马铃薯 50 克、地瓜 100 克、胡萝卜 50 克。

做 法
1. 将 1 杯米、2 杯水、3 杯高汤先煮成粥待用。
2. 地瓜、马铃薯、胡萝卜削皮切块，蒸熟后打成泥。
3. 适量加入单餐分量的粥中拌匀。

马铃薯南瓜西兰花泥粥 1

材料

1 杯米、2 杯水、3 杯海带高汤、马铃薯 50 克、南瓜 100 克、西兰花 50 克。

做法

1. 将 1 杯米、2 杯水、3 杯高汤先煮成粥待用。
2. 南瓜、马铃薯削皮切块，蒸熟后打成泥。
3. 西兰花只取花穗部分，用沸水烫熟后捞出放入冷开水冷却，打成泥。
4. 分别将2、3适量加入单餐分量的粥中拌匀。

马铃薯南瓜综合菇泥粥 2

材料

1 杯米、2 杯水、3 杯海带高汤、马铃薯 50 克、南瓜 100 克、菇类 50 克。

做法

1. 将 1 杯米、2 杯水、3 杯高汤先煮成粥待用。
2. 南瓜、马铃薯削皮切块，蒸熟后打成泥。
3. 菇类洗净去蒂，沸水烫熟再打成泥。
4. 分别将2、3适量加入单餐分量的粥中拌匀。

马铃薯南瓜胡萝卜泥粥 3

材料

1 杯米、2 杯水、3 杯海带高汤、马铃薯 50 克、南瓜 100 克、胡萝卜 50 克。

做法

❶ 将 1 杯米、2 杯水、3 杯高汤先煮成粥待用。
❷ 南瓜、马铃薯与胡萝卜削皮切块，蒸熟后打成泥。
❸ 适量加入单餐分量的粥中拌匀。

马铃薯南瓜甜菜根泥粥 4

材料

1 杯米、2 杯水、3 杯海带高汤、马铃薯 50 克、南瓜 100 克、甜菜根 50 克。

做法

❶ 将 1 杯米、2 杯水、3 杯高汤先煮成粥待用。
❷ 南瓜、马铃薯与甜菜根削皮切块，蒸熟后打成泥。
❸ 适量加入单餐分量的粥中拌匀。

★ 温馨提示 ★

马铃薯

在法文里，马铃薯的名字是"土地的苹果"（pomme de terre），因为它和苹果一样，高营养、低脂肪，常被作为淀粉取代食品，富含维生素 C 与钾，是让宝宝好消化的食品。挑选马铃薯的时候以表皮完整、光滑者为佳，特别注意芽眼部分有无呈现紫色或绿色，以免微量毒素造成宝宝中毒或过敏。

卷心菜南瓜泥粥 1

材料

1杯米、2杯水、3杯海带高汤、卷心菜100克、南瓜50克。

做法

1. 将1杯米、2杯水、3杯高汤先煮成粥待用。
2. 南瓜削皮切块，蒸熟后打成泥。
3. 卷心菜去除硬梗，切片烫熟后捞出放入冷开水冷却，打成泥。
4. 将2、3适量加入单餐分量的粥中拌匀。

卷心菜西兰花泥粥 2

材料

1杯米、2杯水、3杯海带高汤、卷心菜100克、西兰花50克。

做法

1. 将1杯米、2杯水、3杯高汤先煮成粥待用。
2. 西兰花只取花穗部分，用沸水烫熟后捞出放入冷开水冷却，打成泥。
3. 卷心菜去除硬梗，切片烫熟后捞出放入冷开水冷却，打成泥。
4. 将2、3适量加入单餐分量的粥中拌匀。

卷心菜胡萝卜泥粥 3

材料

1杯米、2杯水、3杯海带高汤、卷心菜100克、胡萝卜50克。

做法

1. 将1杯米、2杯水、3杯高汤先煮成粥待用。
2. 胡萝卜削皮切块，蒸熟后打成泥。
3. 卷心菜去除硬梗，切片烫熟后捞出放入冷开水冷却，打成泥。
4. 将2、3适量加入单餐分量的粥中拌匀。

卷心菜地瓜泥粥 4

材料

1 杯米、2 杯水、3 杯海带高汤、卷心菜 100 克、地瓜 50 克。

做法

1. 将 1 杯米、2 杯水、3 杯高汤先煮成粥待用。
2. 地瓜削皮切块，蒸熟后打成泥。
3. 卷心菜去除硬梗，切片烫熟后捞出放入冷开水冷却，打成泥。
4. 将2、3适量加入单餐分量的粥中拌匀。

 # 卷心菜甜菜根泥粥 5

材料

1 杯米、2 杯水、3 杯海带高汤、卷心菜 100 克、甜菜根 50 克。

做法

1. 将 1 杯米、2 杯水、3 杯高汤先煮成粥待用。
2. 甜菜根削皮切块，蒸熟后打成泥。
3. 卷心菜去除硬梗，切片烫熟后捞出放入冷开水冷却，打成泥。
4. 将2、3适量加入单餐分量的粥中拌匀。

 # 卷心菜综合菇泥粥 6

材料

1 杯米、2 杯水、3 杯海带高汤、卷心菜 100 克、菇类 50 克。

做法

1. 将 1 杯米、2 杯水、3 杯高汤先煮成粥待用。
2. 菇类洗净去蒂，沸水烫熟再打成泥。
3. 卷心菜去除硬梗，切片烫熟后捞出放入冷开水冷却，打成泥。
4. 将2、3适量加入单餐分量的粥中拌匀。

4 鸡腿骨蔬果高汤粥

开始吃肉喽！添加鱼肉和鸡蛋，营养摄取更充足！

- 调味量：无
- 喂食建议：单独食用
- 适用月龄：10个月以上

宝宝活动量慢慢增加，需要更多的体力和热量，补充蛋白质是这个阶段的重点。鸡肉和牛肉之外，也可以尝试鱼肉，其蛋白质所含必需氨基酸的量和比值，最适合人体需要，同时也含有丰富的矿物质，如铁、磷、钙等。

● 多添加当季蔬菜

大鱼大肉是宝宝饮食的禁忌，建议烹煮每一道辅食时，**不要忘记添加几样当季蔬菜**。不一定要完全按照书中食谱的蔬菜种类，因为叶菜类的选用除了增加食物的风味外，更重要的是补足宝宝成长所需的纤维素、矿物质和维生素等营养。

● 从"白肉鱼"开始尝试

若担心宝宝吃海鲜会过敏，可以先少量尝试，并且以低敏的白肉鱼首选，红肉鱼则等大一点再吃，减少引起严重过敏的风险。处理鱼肉时要特别注意鱼刺，避免宝宝误吞造成危险，最好选购无刺鱼肉或是到日本料理店选购生鱼片。至于虾蟹等高敏食物，记得不要轻易让太小的宝宝尝试。

★ 温馨提示 ★

鱼肉和蛋、豆类尽量新鲜现做

熬粥时，蔬菜泥可用预先制作的冰砖加热拌入，但是鱼肉泥、蛋以及豆腐泥，还是尽量要新鲜现做，确保食物的新鲜。

必须"新鲜现做"的 ③ 大食物泥

鱼片、丁香鱼等海鲜可以先烫熟，稍微放凉后尽快切碎或打成泥。或用干锅将鱼肉煎熟（怕粘锅也可加少许油），接着直接用锅铲或汤匙压碎鱼肉。煎过的鱼肉添几分香气和油脂，更能引起大宝宝的食欲。

鱼肉类

步骤 1 将鱼肉洗净后，稍微切碎

步骤 2 用沸水烫熟后，静置放凉

步骤 3 用搅拌器打成泥即完成

小叮咛

① 洗净去刺的动作要确实，避免宝宝吃到脏东西或鱼刺。

② 白色的鱼肉类要用深色砧板处理，才能看见脏东西。

③ 鱼肉买回家后，请先分装再冷冻保存，要用时适量取出，勿反复解冻和冷冻，容易造成腐坏。

④ 烹煮后的器具要洗净，才不会留下腥味，影响其他食物泥的口感和新鲜度。

　　建议 10 个月以下的宝宝尽量不要摄取鸡蛋，待 10 个月后再从熟蛋黄开始尝试，12 个月以上的宝宝再摄取"全熟蛋白"，可减低宝宝过敏的情况。

1

将鸡蛋水煮
至全熟

2

将蛋黄取出
后，再用研
磨器压碎

小叮咛

❶ 刚开始不要单独喂食蛋黄，避免过敏，而且蛋黄过干的口感也容易被宝宝排斥。

❷ 尽量选择品质优良的鸡蛋，以土鸡蛋为佳。

❸ 有些妈妈习惯水煮蛋时，添加少许盐或醋，避免蛋液流出，其实是不必要的。
建议用开水或过滤水直接煮即可，避免宝宝摄取过多的盐分或是添加物。

豆 腐

　　豆腐口感软滑易消化，是很棒的蛋白质来源。但是豆腐不容易保鲜，选购和制作时要特别留意，避免宝宝吃坏肚子。

1

豆腐先用沸
水氽烫

2

放凉后直接
用汤匙压成
碎泥

小叮咛

❶ 豆腐较容易酸腐，处理前务必嗅闻或试吃，确保新鲜。

❷ 为了宝宝的健康着想，有时间的话，也可以考虑自己亲手制作豆腐哦。

鲷鱼泥蔬菜高汤粥

10个月以上 低脂高蛋白 助大脑发育

鲷鱼刺少易料理，引起过敏的概率低，很适合作为辅食的海鲜入门。也可以选用黄花鱼、鲳鱼等刺少味鲜的海鱼。

材料

菠菜 50 克、油麦菜 50 克、小白菜 100 克、上海青 50 克、1 杯米、2 杯水、3 杯肉骨高汤、无刺鲷鱼（或黄花鱼、鲳鱼）100 克。

做法

1. 1 杯米、2 杯水、3 杯高汤煮成粥。
2. 蔬菜切小段，余烫熟后，捞起放入冷开水中急速保鲜。
3. 蔬菜用搅拌棒打成泥。
4. 鲷鱼以小火煎熟，趁热以锅铲或汤匙压碎。
5. 将蔬菜泥及鲷鱼泥适量加入单餐分量的粥中拌匀即可。

★ 温馨提示 ★

鲷鱼

1. 鱼肉海鲜的粥品最好趁鲜食用完毕，不建议制成冰砖。
2. 低脂高蛋白的鲷鱼，含有丰富烟酸，有助于维持神经系统和大脑发育。本身味道清淡，超市片装的鲷鱼料理起来相当便利，只要留意保存期限即可。退冰后以水略冲洗拭干，即可开始烹调。

丁香鱼泥蔬菜高汤粥

肉质软嫩，含促进脑神经发育的DHA、钙外，也有丰富的蛋白质。

材 料

1杯米、2杯水、3杯肉骨高汤、菠菜50克、油麦菜50克、小白菜100克、上海青50克、丁香鱼100克。

做 法

1. 1杯米、2杯水、3杯高汤煮成粥。
2. 蔬菜切小段，氽烫熟后，捞起放入冷开水中急速保鲜。
3. 将蔬菜打成泥。
4. 丁香鱼稍微切碎后氽烫，打成泥。
5. 将蔬菜泥及丁香鱼泥适量加入单餐分量的粥中拌匀即可。

★ 温馨提示 ★

丁香鱼

丁香鱼是高钙食物，含有维生素A、C，钠，磷，钾等营养成分，适合宝宝消化吸收。挑选时留意颜色是否自然、鱼身是否干爽，烹调前先以开水冲洗几次后再氽烫。

海藻双鱼蔬菜粥

来自大海的鲜味，除鱼肉的动物性蛋白质外，还能摄取藻类的矿物质。

材 料

1 杯米、2 杯水、3 杯肉骨高汤、菠菜50 克、油麦菜 50 克、小白菜 100 克、上海青 50 克、藻类少许、鲷鱼（或黄花鱼、鲳鱼）50 克、丁香鱼 50 克。

做 法

❶ 将 1 杯米、2 杯水、3 杯高汤煮成白粥。

❷ 蔬菜切段后汆烫熟，接着放入冷开水保鲜。

❸ 汆烫后的蔬菜，搅拌打成泥。

❹ 丁香鱼稍微切碎再汆烫熟，放凉后打成泥。

❺ 鲷鱼以小火煎熟，趁热以锅铲或汤匙压碎。

❻ 藻类烫熟后，打成泥（需酌量加水以免太糊）。

❼ 将蔬菜泥、鱼肉泥和海藻泥等适量加入单餐分量的粥中拌匀即完成。

★ 温馨提示 ★

新鲜藻类可在市场选购，但宝宝辅食的用量很少，挑选有信誉的干燥海藻更方便，每次只要取用一点点就够，先用开水清洗浸泡 3 分钟再汆烫处理。

高钙双鱼蔬菜粥

10 个月以上　低脂高钙　成长必需

高纤蔬菜可以综合鱼肉略重的口味，也能平衡油脂的摄取量。

材料

1 杯米、2 杯水、3 杯肉骨高汤、菠菜 50 克、油麦菜 50 克、小白菜 100 克、上海青 50 克、鲷鱼（或黄花鱼、鲳鱼）50 克、丁香鱼 50 克。

做法

1. 将 1 杯米、2 杯水、3 杯高汤先煮成粥待用。
2. 蔬菜切小段，水沸后放入烫熟，捞起后用冷开水急速保鲜。
3. 余烫后的蔬菜，搅拌打成泥。
4. 丁香鱼以水余烫，切碎打成泥。
5. 鲷鱼以小火烫熟，趁热以锅铲或汤匙压碎。
6. 将蔬菜泥、鱼肉泥等适量加入单餐分量的粥中拌匀即可。

★ 温馨提示 ★

新鲜的丁香鱼不耐保存，所以很多市售的丁香鱼会加入少许盐分，烹煮前记得用水冲洗，避免宝宝摄取过多盐分。

咕咕鸡玉米粥

10 个月以上 ・ 含有卵磷脂 ・ 强健大脑

玉米胚尖含有增强新陈代谢、调整神经等作用的营养素。

材料

1 杯米、2 杯水、3 杯肉骨高汤、鸡腿肉 100 克、新鲜玉米粒 100 克、胡萝卜 50 克。

做法

1. 将 1 杯米、2 杯水、3 杯高汤煮成白粥。
2. 胡萝卜削皮蒸熟后打成泥、玉米打成泥。
3. 热锅放一小匙油，放入切丁鸡肉，以中火煎熟，放凉后搅拌打成泥。
4. 将鸡肉泥、玉米泥、胡萝卜泥适量加入单餐分量的粥中拌匀即可。

★ 温馨提示 ★

胡萝卜

胡萝卜丰富的 β－胡萝卜素在体内会转为维生素 A，增强抵抗力。挑选时以质地坚硬、颜色鲜艳、断口处未出现绿色细芽者为佳，长芽表示太老了，不能使用！以细刷刷净表皮后即可开始烹调。

粉红宝宝鸡腿粥

肉类和蔬菜均衡摄取，提供宝宝多方面的养分。

材 料 1 杯米、2 杯水、3 杯肉骨高汤、鸡腿肉 100 克、甜菜根 50 克、南瓜 100 克。

做 法
1. 参考第 100 页，先煮好一锅白粥。
2. 甜菜根削皮切块、南瓜削皮切块蒸熟后打成泥。
3. 热锅后放一小匙油，加入切丁鸡肉以中火煎熟，放凉后搅拌打成泥。
4. 将②、③适量加入单餐分量的粥中拌匀。

红点点小鸡枸杞粥

煮熟番茄释出的天然茄红素，搭配枸杞对眼睛有保健作用。

材 料 1 杯米、2 杯水、3 杯肉骨高汤、鸡腿肉 100 克、番茄 150 克、枸杞少许。

做 法
1. 参考第 100 页，先煮好一锅白粥。
2. 枸杞洗净用热水泡软，拌入粥中。
3. 番茄用热水煮熟后，去皮打成泥。
4. 鸡肉以中火煎熟，放凉后搅打成泥。
5. 将③、④适量加入煮好的枸杞粥（取单餐分量）中拌匀。

活力双鲜菇鸡腿粥

10 个月以上 · 多糖体丰富 · 强化免疫力

菇类独特的多糖体，有助免疫力提升。

材料 1 杯米、2 杯水、3 杯肉骨高汤、鸡腿肉 100 克、菇类 100 克、芝士少许。

做法
1. 参考第 100 页，先煮好一锅白粥。
2. 鸡肉以中火煎熟，放凉后搅打成泥。
3. 菇类烫熟，放凉后打成泥。
4. 将鸡肉泥和菇泥等适量加入煮好的粥（取单餐分量）中，最后再放入芝士丁，趁热拌匀即可。

鸡猪瓜瓜芝士粥

10 个月以上 · 富含维生素 C · 健康低负担

丝瓜搭配肉类既可解腻，还能促进消化吸收。

材料 1 杯米、2 杯水、3 杯肉骨高汤、鸡腿肉 50 克、猪肉 50 克、丝瓜 100 克、地瓜 100 克、芝士少许。

做法
1. 参考第 100 页，先煮好一锅白粥。
2. 将鸡肉、猪肉分别煎熟，放凉后搅打成泥。
3. 丝瓜烫熟、地瓜蒸熟后分别打成泥。
4. 将②、③加入单餐分量的粥中，放入芝士丁趁热拌匀。

黄色小鸡蛋黄粥

10 个月以上 · DHA 卵磷脂 · 健脑益智

蛋黄的致敏概率较蛋白低，是一颗蛋的精华。

材料

1 杯米、2 杯水、3 杯肉骨高汤、鸡腿肉 100 克、蛋黄少许、地瓜 100 克、芝士少许。

做法

1. 将 1 杯米、2 杯水、3 杯高汤煮成白粥。
2. 切丁鸡肉以中火煎熟，放凉后再搅打成泥。
3. 地瓜蒸熟打成泥。
4. 鸡蛋煮熟取蛋黄部分，搅碎备用。
5. 将鸡肉泥、地瓜泥、蛋黄等适量加入煮好的粥（取单餐分量）中。
6. 最后再放入芝士丁，趁热拌匀即可。

★ 温馨提示 ★

枸杞、芝士等虽然分量不多，而且比例极低，但还是要注意挑选低钠含量的起司。枸杞也是选购产地有保证、无霉斑破损者为佳。可能售价会高一些，但是用量不多，能让宝宝吃得安心最重要！

海藻鸡腿肉粥

海藻能降低胆固醇，是宝宝辅食的健康好搭档。

材料　1 杯米、2 杯水、3 杯肉骨高汤、藻类少许、鸡腿肉 100 克。

做法
1. 参考第 100 页，先煮好一锅白粥。
2. 鸡肉以中火煎熟，放凉后搅打成泥。
3. 藻类用沸水烫熟，搅打成泥。（需酌量加水以免太糊）
4. 将2、3适量加入煮好的粥（取单餐分量）中拌匀。

绿翡翠鸡腿肉粥

鸡肉的优质蛋白，辅以高纤蔬菜的维生素，提供成长必需的营养。

材料　1 杯米、2 杯水、3 杯肉骨高汤、鸡腿肉 100 克、上海青 50 克、卷心菜 100 克。

做法
1. 参考第 100 页，先煮好一锅白粥。
2. 鸡肉以中火煎熟，放凉后打成泥。
3. 上海青和卷心菜分别烫熟后，以搅拌器打成泥。
4. 将2、3等适量加入白粥（取单餐分量）中拌匀。

双薯蛋黄鸡腿粥

10 个月以上　多种氨基酸　预防便秘

马铃薯和芋头都是碱性食物，搭配肉类食用，有助体内酸碱值的平衡。

材 料

1 杯米、2 杯水、3 杯肉骨高汤、鸡腿肉 100 克、芋头 100 克、马铃薯 100 克、蛋黄少许。

做 法

1. 将 1 杯米、2 杯水、3 杯高汤煮成白粥。
2. 鸡肉切丁，以中火煎熟，放凉后搅打成泥。
3. 芋头及马铃薯削皮蒸熟，分别用搅拌器打成泥。
4. 鸡蛋煮熟取蛋黄部分，搅碎备用。
5. 将2、3、4适量与白粥（取单餐分量）拌匀即完成。

★ 温馨提示 ★

鸡肉

鸡肉含优质蛋白质、脂肪含量少，加上钙，磷，铁，维生素A、C、E 等营养成分，相当滋补。选购时，以肉质结实有弹性，没有黏液或异味，粉嫩光泽为佳。为了避免买到病菌感染或含抗生素的鸡肉，需谨慎选择来源或是挑选有优良农产品标章的肉品。烹调时，务必煮到熟透。

大麦克牛肉粥

番茄和牛肉是辅食常见的黄金搭配，口感和营养价值都很高。

材料

1 杯米、2 杯水、3 杯肉骨高汤、牛肉 100 克、番茄 150 克、芝士少许。

做法

1. 将 1 杯米、2 杯水、3 杯高汤煮成白粥。
2. 牛肉切丝，以中火煎熟，放凉后再搅打成泥。
3. 番茄用沸水烫熟后，去皮打成泥。
4. 将牛肉泥和番茄泥适量加入单餐分量的白粥中。
5. 最后再放入芝士趁热拌匀。

★ 温馨提示 ★

牛肉

牛肉性温和，是铁含量最高的肉类，并含有维生素 A、B 族维生素、锌、钙、氨基酸等营养成分。挑选牛肉时以外观完整、干净，颜色呈鲜红色者为佳，若是进口的冷冻牛肉则呈现暗紫色或深红色。新鲜牛肉以清水洗净拭干后再烹调，冷冻牛肉解冻后可以直接使用。

大力水手牛肉菠菜粥

富含
铁钙

提高
抗病力

浓郁肉香中带有蔬菜的纤维素，口感清爽不油腻！

材料 1 杯米、2 杯水、3 杯肉骨高汤、牛肉 100 克、菠菜 50 克、卷心菜 100 克。

做法
① 参考第 100 页，先煮好一锅白粥。
② 牛肉切丝，以中火煎熟，放凉后再搅打成泥。
③ 菠菜和卷心菜烫熟后，以搅拌器打成泥。
④ 将②、③适量加入粥（取单餐分量）中拌匀。

宝贝小俏妞牛肉粥

10 个月
以上

富含膳
食纤维

调整
肠道

高纤蔬菜搭配牛肉的辅食，营养又帮助消化。

材料 1 杯米、2 杯水、3 杯肉骨高汤、牛肉 100 克、西兰花 100 克、甜菜根 50 克。

做法
① 参考第 100 页，先煮好一锅白粥。
② 牛肉以中火煎熟，放凉后打成泥。
③ 甜菜根蒸熟后搅打成泥。
④ 西兰花取花穗部分，氽烫放凉后搅打成泥。
⑤ 将②、③、④适量加入粥（取单餐分量）中拌匀即可。

无敌小牛芝士粥

10 个月以上 高蛋白质 促进发育

起司有"白肉"称号，因为它拥有非常高的蛋白质。

材料 1 杯米、2 杯水、3 杯肉骨高汤、牛肉 100 克、西兰花 100 克、芝士少许。

做法
① 参考第 100 页，先煮好一锅白粥。
② 牛肉以中火煎熟，放凉后打成泥。
③ 西兰花取花穗部分，滚水烫熟后，搅打成泥。
④ 将②、③适量加入粥中（取单餐分量），最后再放入芝士丁趁热拌匀。

豆豆米奇牛肉粥

10 个月以上 多种维生素 增强免疫力

豌豆与含氨基酸食材一起烹煮，可提高营养价值。

材料 1 杯米、2 杯水、3 杯肉骨高汤、牛肉 100 克、西兰花 100 克、豌豆 30 克。

做法
① 参考第 100 页，先煮好一锅白粥。
② 牛肉切丝，以中火煎熟，放凉后搅打成泥。
③ 西兰花取花穗部分，和豌豆一起用沸水烫熟后，搅打成泥。
④ 将②、③适量加入粥（取单餐分量）中拌匀即可。

动感卟卟猪肉地瓜粥

猪肉脂肪含量高，还含有丰富的蛋白质，搭配根茎类蔬果更健康。

材 料

1 杯米、2 杯水、3 杯肉骨高汤、猪肉 100 克、芝士少许、地瓜 100 克。

做 法

1. 将 1 杯米、2 杯水、3 杯高汤煮成白粥。
2. 猪肉切丝，以中火煎熟，放凉后搅拌打成泥。
3. 地瓜削皮切块，蒸熟放凉后，搅打成泥。
4. 将猪肉泥、地瓜泥适量加入煮好的粥（取单餐分量）中。
5. 最后再放入芝士丁，趁热拌匀。

★ 温馨提示 ★

猪肉

猪肉含有蛋白质、钙、磷、铁、维生素 B_1 和锌等，但脂肪较高，摄取时要格外留意均衡。新鲜猪肉色泽鲜红有光泽，触感有弹性，闻起来没有特别气味，若有异味则表示不新鲜。猪肉买回来洗净后先汆烫，去除血水杂质再做烹调，更美味也更健康。

香甜小猪西兰花粥

10 个月以上　含多元酚　可抗氧化

葡萄所含的多元酚集中于果皮，制成葡萄干时可以完整摄取。

材料 1 杯米、2 杯水、3 杯肉骨高汤、猪肉 100 克、西兰花 100 克、葡萄干少许。

做法
1. 参考第 100 页，先煮好一锅白粥。
2. 猪肉以中火煎熟，放凉后打成泥。
3. 取西兰花花穗，烫熟后搅打成泥。
4. 葡萄干切成细末。
5. 将2、3、4适量加入白粥（取单餐分量）中拌匀。

满福小猪蔬菜粥

10 个月以上　富含矿物质　修复身体

猪肉和菇类对骨骼和牙齿成长有帮助，可增强免疫力。

材料 1 杯米、2 杯水、3 杯肉骨高汤、猪肉 100 克、菇类 50 克。

做法
1. 参考第 100 页，先煮好一锅白粥。
2. 猪肉切丝，以中火煎熟，放凉后，搅打成泥。
3. 菇类烫熟后，搅打成泥。
4. 将适量的2、3与白粥（取单餐分量）搅拌均匀。

小红猪芝士蛋粥

10个月以上 | 胡萝卜素 | 强健视力

肉香和芝士的浓郁口感，可以增加宝宝对胡萝卜的接受度。

材料 1杯米、2杯水、3杯肉骨高汤、猪肉100克、胡萝卜100克、芝士少许、蛋黄少许。

做法
1. 参考第100页，先煮好一锅白粥。
2. 猪肉以中火煎熟，放凉后打成泥。
3. 胡萝卜蒸熟后，搅打成泥。
4. 鸡蛋煮熟取蛋黄部分，搅碎备用。
5. 将2、3、4适量加入粥（取单餐分量）中，最后再放入芝士丁，趁热拌匀。

幸福小猪山药粥

10个月以上 | 含消化酶 | 促进消化

肉类的动物蛋白，加上山药等植物蛋白，营养更加倍。

材料 1杯米、2杯水、3杯肉骨高汤、猪肉100克、山药30克、藻类少许、胡萝卜100克。

做法
1. 参考第100页，先煮好一锅白粥。
2. 猪肉以中火煎熟，放凉后打成泥。
3. 山药和胡萝卜削皮蒸熟后打成泥。
4. 藻类烫熟，搅打成泥。（需酌量加水以免太糊）
5. 把2、3、4适量加入粥（取单餐分量）中拌匀。

乳霜小猪蔬菜粥

10 个月以上 多种植物生化素 修复肠胃黏膜

卷心菜和花菜很营养，搭配天然油脂可增添口感变化。

材料 1 杯米、2 杯水、3 杯肉骨高汤、猪肉 100 克、奶油少许（动物性鲜奶油较佳）、花菜 50 克、卷心菜 100 克。

做法
1. 参考第 100 页，先煮好一锅白粥。
2. 猪肉以中火煎熟，放凉后打成泥。
3. 花菜取花穗烫熟拌打成泥。
4. 卷心菜去硬梗，切片烫熟，搅拌打成泥。
5. 把2、3、4适量加入白粥（取单餐分量）中，最后加入鲜奶油搅拌均匀。

壮壮粉红小猪蔬菜粥

10 个月以上 蛋白质丰富 有助大脑发育

豆腐中含有丰富的大豆蛋白，容易被人体吸收。

材料 1 杯米、2 杯水、3 杯肉骨高汤、猪肉 100 克、豆腐 50 克、马铃薯 100 克、甜菜根 50 克。

做法
1. 参考第 100 页，先煮好一锅白粥。
2. 猪肉以中火煎熟，放凉后打成泥。
3. 豆腐汆烫后，压碎备用。
4. 马铃薯和甜菜根削皮切块，蒸熟放凉后搅打成泥。
5. 把2、3、4适量加入粥（取单餐分量）中拌匀。

甜心粉红精灵丁香鱼粥

（10 个月以上） （高钙蛋白质） （强化骨骼）

丁香鱼脂肪低，钙丰富，还有维生素 A 和 C 等营养素。

材料 1 杯米、2 杯水、3 杯肉骨高汤、丁香鱼 100 克、甜菜根 50 克、马铃薯 100 克。

做法
1. 参考第 100 页，先煮好一锅白粥。
2. 丁香鱼切碎后汆烫，搅打成泥。
3. 马铃薯和甜菜根削皮切块，蒸熟放凉后搅打成泥。
4. 把2、3适量加入粥（取单餐分量）中搅拌均匀。

皮卡丘宝宝玉米鸡粥

（10 个月以上） （富含维生素 B$_2$） （多层次口感）

蛋类和西兰花都含有维生素 B$_2$，是成长发育必需的营养素。

材料 1 杯米、2 杯水、3 杯肉骨高汤、鸡肉 100 克、新鲜玉米粒 100 克、西兰花 50 克、蛋黄少许。

做法
1. 参考第 100 页，先煮好一锅白粥。
2. 鸡肉以中火煎熟，放凉后打成泥。
3. 玉米粒用热水烫热，压碎备用。
4. 鸡蛋煮熟取蛋黄部分，搅碎备用。
5. 西兰花取花穗烫熟，搅打成泥。
6. 把2~5适量加入粥（取单餐分量）中拌匀。

魔法绿仙子蔬菜鸡粥

肉类、豆类、谷类加上蔬菜，兼顾全营养的元气粥品。

材 料 1 杯米、2 杯水、3 杯肉骨高汤、菠菜 50 克、油麦菜 50 克、白菜 100 克、上海青 50 克、鸡肉 100 克、豆腐 50 克、燕麦粉少许。

做 法
1. 参考第 100 页，先煮好一锅白粥。
2. 鸡肉以中火煎熟，放凉后打成泥。
3. 所有蔬菜去硬梗，切段用开水烫熟，放凉后打成泥。
4. 豆腐氽烫后，压碎备用。
5. 把2、3、4和燕麦粉适量加入粥（取单餐分量）中拌匀。

海洋音符燕麦鱼粥

鲷鱼低脂肪，能强化代谢，搭配高纤藻类，清爽无负担。

材 料 1 杯米、2 杯水、3 杯肉骨高汤、鲷鱼 100 克、藻类少许、丝瓜 100 克、燕麦粉少许。

做 法
1. 参考第 100 页，先煮好一锅白粥。
2. 鲷鱼片煎熟后用锅铲压碎。
3. 藻类用开水烫过，搅拌打成泥。
4. 丝瓜削皮烫熟后打成泥。
5. 把2、3、4和燕麦粉适量加入粥（取单餐分量）中拌匀。

神奇杰克牛肉豆腐粥

含多种氨基酸

口感软嫩

西兰花的珍贵植物生化素，让营养加倍。

材 料

1 杯米、2 杯水、3 杯肉骨高汤、牛肉 100 克、豆腐 50 克、鲜奶油少许（动物性鲜奶油较佳）、西兰花 100 克。

做 法

1. 将 1 杯米、2 杯水、3 杯高汤煮成白粥。
2. 牛肉切丝，热锅后倒一小匙油，以中火煎熟，放凉后搅打成泥。
3. 西兰花取花穗部分，用沸水氽烫，搅打成泥。
4. 豆腐用沸水烫过，压碎备用。
5. 把 2、3、4 适量加入白粥（取单餐分量）中，再倒入鲜奶油搅拌均匀即可。

★ 温馨提示 ★

　　当辅食的食材品种愈来愈多时，更要注意新鲜度，特别是有加入海鲜鱼肉或蛋、豆类的粥品，避免某项材料污染了整锅粥，引起宝宝的肠胃不适。除了尽量趁新鲜喂食外，如果制成冰砖，加热喂食前，爸爸妈妈务必要先试吃确认，为宝宝做好防护把关。

5 甜味蔬果高汤粥

低糖开胃的五谷甜味粥，也能让宝宝吃到营养！

● 调味量：**低调味 = 4 分甜**　　● 喂食建议：**正餐间的点心，也可当主食**
● 适用月龄：**12 个月以上**

　　市售的甜粥普遍过甜，也容易吃到人工添加物，爸妈们可以为 1 岁以上的宝宝准备可口点心。微甜且弹性耐嚼的滋味，冷热吃都可以，不管是芋头、红豆的绵密口感，还是淡淡的桂圆、红枣香气，大人小孩都喜爱。不但吃得到多种谷类的营养，偶尔换换口味，宝贝也吃得开心。

● 宝宝最爱！制作甜粥的八大营养食材

绿豆

清热退火的绿豆，富含植物蛋白质，钙，磷，铁，维生素 A、B_1、B_2、E，膳食纤维，胡萝卜素，烟酸等营养素。

挑选处理小叮咛 ▶▶ 挑选时以颗粒饱满、无异味者佳。清洗后即可开始烹调。

红豆

红豆富含 B 族维生素、钾及膳食纤维，能促进新陈代谢。

挑选处理小叮咛 ▶▶ 以无虫蛀、颜色饱满鲜艳、颗粒完整者为佳。清洗后最好先浸泡几小时，可以节省熬煮时间。

杏仁

杏仁含油脂，具润肺、止咳、滑肠的功效，是养生佳品。一般中药店里的杏仁多已去皮处理，呈白色，因为杏仁外层的褐色皮膜含剧毒性的氰化物，所以去皮才能食用。

挑选处理小叮咛 ▶▶ 选购时要避免挑到有虫蛀的，而且杏仁真正的香气是淡淡的，若浓郁呛鼻则代表添加人工香料。烹调前先用开水浸泡过，或是直接买杏仁粉也可以。

桂圆

桂圆含蛋白质，钾，磷，钙，铁，维生素 A、C 等营养成分，非常滋补。

挑选处理小叮咛 ▶▶ 新鲜桂圆要挑选果粒圆硕皮薄者，干货则可以买带壳的，自己处理比较卫生，烹调前再用冷开水清洗一下即可。

红枣

红枣不只是药膳的配角，它含有蛋白质、糖类、有机酸、胡萝卜素、B 族维生素、维生素 C、芦丁及微量的钙。

挑选处理小叮咛 ▶▶ 以颜色艳红、纹路较浅、外皮光亮者为佳。如果担心农药残留，洗净后可再用热开水浸泡几分钟。

莲子

莲子钙、铁、钾含量极高，能促进新陈代谢，具有安神养心的效果。

挑选处理小叮咛 ▶▶ 挑选时要找饱满且颗粒完整者，颜色呈淡黄色，没有碎裂及杂质，凑近闻会有淡淡的清香。莲子烹调前无须泡水，不然容易久煮不烂。

芋头

芋头的纤维素是米饭的 4 倍，热量却只有 90%，淀粉颗粒比较小，更容易消化。

挑选处理小叮咛 ▶▶ 挑选时，外皮湿润带点泥土的较新鲜，口感也较松软，如果看起来干干的，代表久放不新鲜。刷洗削皮后就可以烹调，如果担心芋头的草酸钙引起过敏，处理时戴上手套就可以避免手痒。

银耳

银耳含大量胶质、多种维生素及氨基酸，对改善宝宝肌肤有益处。好的银耳呈现白色或淡黄色，无黑斑或杂质，肉肥厚，闻起来无异味。

挑选处理小叮咛 ▶▶ 为避免干燥银耳残留二氧化硫，食用前先用温水浸泡2~3小时，每小时换一次水。

地瓜绿沙甜粥

富含膳食纤维，能降低胆固醇，有助于肠胃蠕动及促进排便。

材料

1 杯米、2 杯水、3 杯海带高汤、地瓜 100 克、绿豆 100 克、冰糖少许。

做法

1. 将 1 杯米、2 杯水、3 杯高汤煮成白粥。
2. 绿豆洗净后加 5 倍水，电炖锅或蒸锅外锅加水蒸煮至熟烂，加一小匙糖搅匀。
3. 地瓜削皮切块，蒸熟放凉后再搅打成泥。
4. 把绿豆沙、地瓜泥适量加入白粥（取单餐分量）中，加少许糖搅拌均匀即可。

★ 温馨提示 ★

如果担心宝宝吃太甜，不一定要另外加冰糖调味。

芋泥红豆沙甜粥

12个月以上　含氟量高　保护牙齿

口感绵密的红豆，搭配浓郁芋香，吃起来甜而不腻。

材 料　1 杯米、2 杯水、3 杯海带高汤、芋头 100 克、红豆 100 克、冰糖少许。

做 法
1. 参考第 118 页，先煮好一锅白粥。
2. 红豆浸泡 2 ~ 6 小时，洗净后加 5 倍水，外锅放 2 杯水重复蒸煮至熟烂后，加一小匙糖。
3. 芋头削皮切块，蒸熟放凉打成泥。
4. 取适量 2、3 与单餐分量的白粥拌匀即可。

水果杏仁燕麦甜粥

12个月以上　高纤助消化　排便顺畅

多种果香衬托着杏仁独特的气味，加入燕麦更有饱腹感。

材 料　1 杯米、2 杯水、3 杯海带高汤、菠萝 100 克、苹果 100 克、番石榴 100 克、杏仁粉少许、燕麦粉少许。

做 法
1. 参考第 118 页，先煮好一锅白粥。
2. 菠萝和苹果削皮、番石榴去籽后切块。
3. 菠萝研磨成水状后，加入其他水果打成泥。
4. 杏仁粉和燕麦粉加少许水拌成糊状。
5. 取适量 2、3、4 与单餐分量的白粥拌匀。

桂圆芝麻甜粥

亚麻油酸　增强记忆力

黑芝麻含钙量高，富含卵磷脂，能帮助集中注意力。

材料　1 杯米、2 杯水、3 杯海带高汤、桂圆 10 克、芝麻 50 克、冰糖少许。

做法　❶ 参考第 118 页，先煮好一锅白粥。

❷ 桂圆去壳去籽洗净，氽烫放凉去掉杂质，切成碎末备用，愈细愈好。

❸ 芝麻粉加水，小火煮沸 5 分钟后，加一小匙糖拌匀。

❹ 取❷、❸与单餐分量的粥拌匀。

桂圆红枣甜粥

多种维生素　滋补养生

桂圆和红枣不只是药膳的配角，本身也具备多种维生素哦！

材料　1 杯米、2 杯水、3 杯海带高汤、桂圆 10 克、红枣 10 克。

做法　❶ 参考第 118 页，先煮好一锅白粥。

❷ 桂圆去壳去籽洗净，氽烫放凉去掉杂质，切成碎末备用，愈细愈好。

❸ 红枣以冷水煮开，去籽打成泥。

❹ 取❷、❸与单餐分量的粥拌匀。

小贴示　❶ 芝麻粉加水用小火慢煮，才能熬出香味浓郁的芝麻糊。

❷ 冰糖加入热粥会自动溶解，喂食前要注意温度，同时确认冰糖块有无残留。

冰糖南瓜银耳甜粥

银耳含多种氨基酸，几乎包括人体所有的必需氨基酸，是养生佳品。

材料 1 杯米、2 杯水、3 杯海带高汤、南瓜 100 克、银耳 10 克、冰糖少许。

做法
1. 参考第 118 页，先煮好一锅白粥。
2. 银耳泡水 10 分钟，煮 10 分钟，搅打成泥。
3. 南瓜削皮切块，蒸熟放凉后打成泥。
4. 将 2、3 与白粥（取单餐分量）均匀搅拌，再加少许冰糖即完成。

冰糖雪莲银耳甜粥

莲子和银耳属性温和，有钙、铁、钾等，是清爽无负担的保健组合。

材料 1 杯米、2 杯水、3 杯海带高汤、生莲子 10 克、银耳 10 克、冰糖少许。

做法
1. 参考第 118 页，先煮好一锅白粥。
2. 莲子洗过（不要浸泡），水沸时放入煮 20 分钟，搅打成泥。
3. 银耳泡水 10 分钟，煮 10 分钟，搅打成泥。
4. 将适量的 2、3 加入粥（取单餐分量）中拌匀，加少许糖即可。

冰糖双豆银耳甜粥

豆类家族除了钙、磷、铁等及多种维生素外，更是优质蛋白的最佳补给。

材料 1 杯米、2 杯水、3 杯海带高汤、红豆 50 克、绿豆 50 克、银耳 10 克、冰糖 少许。

做法
① 参考第 118 页，先煮好一锅白粥。
② 银耳泡水 10 分钟，煮 10 分钟，搅打成泥。
③ 红豆、绿豆各加 5 倍水，用电炖锅熬煮至熟烂。
④ 将适量的②、③加入粥（取单餐分量）中，加少许冰糖拌匀即可。

甜菜雪莲甜粥

微甜的口感，加上讨喜的粉嫩色泽，成为宝宝们都爱的人气甜品。

材料 1 杯米、2 杯水、3 杯海带高汤、甜菜根 50 克、生莲子 10 克、冰糖少许。

做法
① 将 1 杯米、2 杯水、3 杯高汤先煮成粥待用。
② 莲子洗过（不要浸泡），水沸时放入，煮 20 分钟，搅拌打成泥。
③ 甜菜根削皮切块蒸熟，搅拌打成泥。
④ 将适量的②、③加入煮好的粥（取单餐分量）中，加少许冰糖拌匀。

小甜心八宝粥

根茎类的食物泥加上五谷杂粮，不但口感绵密，
自然香甜，同时兼具高纤营养。

材料

十谷米 1 杯、水 3 杯、红豆 30 克、
绿豆 30 克、大豆 30 克、芋头 30 克、
桂圆 5 克、冰糖少许。

做法

1. 将十谷米煮成软饭，倒入大锅中备用。（煮十谷米的米水比例 1：3）
2. 桂圆去壳洗净，沸水氽烫后放凉去掉杂质，切成碎末备用，越细越好。
3. 红豆、绿豆、大豆分别熬煮至熟烂。
4. 芋头削皮切块，蒸熟打成泥。
5. 将食材适量倒入煮好的十谷粥（取单餐分量）里，加少许冰糖，酌量加水，以小火边煮边搅拌，续煮 20 分钟即完成。

★ 温馨提示 ★

　　十谷米是由十种杂粮组合而成，包括荞麦、燕麦、大麦、小麦、黑糯米、扁豆、莲子、小米、高粱、薏苡仁等，配方没有固定，可自行调配。调配的比例不同，口感也不同，爸爸妈妈可依据喜好，兼顾营养和美味，熬煮自己的私房八宝粥。

　　这道八宝粥的口感和内容丰富，营养价值也很高，但建议可等宝宝的小牙齿长更多时，再开始尝试。

6 香醇贝壳面、奶香炖饭

辅食再升级，给宝宝新奇的咀嚼感受！

● 调味量：低调味＝3分咸　　● 喂食建议：三餐主食
● 适用月龄：15个月以上

粥品之后，这个阶段的宝宝餐类型越来越多元，像是贝壳面、拉面、炖饭，除了视觉不同，在口中咀嚼的新奇感受，也会提高宝宝进食的意愿哦！不只用白米，也开始尝试胚芽米，保有米粒营养精华的胚芽，口感介于糙米与白米之间，让宝宝更好消化，接受度也更高。

● 让宝宝自己动手吃饭，建立成就感

这时候的辅食已经逐渐取代母乳，宝宝餐几乎是主食，所以要兼顾营养和饱腹感，比粥品更浓稠的炖饭，或是加入浓汤的面食，都是非常不错的选择。另一方面，宝宝自己动手用汤匙或叉子练习吃饭或吃面，固体状的炖饭、贝壳面或是粗一点的面条，吃起来比较容易上手，宝宝也会更有成就感喔！

● 如何掌握调味的分量？

这个阶段的料理，有了很大的变化，开始使用番茄酱、咸蛋黄、鲜奶油、椰奶等，增添食物的风味和香浓口感，搭配多种蔬菜，让宝宝一口接一口，营养满分。但也要注意分量的拿捏，少量即可，千万不要用大人的习惯标准，避免宝宝吃得过于重咸，造成身体负担。关于辅食调味的原则请参考第52页。

爸爸妈妈也不需过度紧张或抗拒，少量的调味也是宝宝适应饮食的必经过程，除非身体出现不适反应，否则，让宝宝餐愈来愈多元，是有益成长的。

茄汁里脊肉酱贝壳面

多准备一些酱料可以拌面或饭吃，非常方便！

材料

胡萝卜少许、洋葱少许、菇类少许、猪里脊肉末 100 克、贝壳面 100 克、番茄酱 50 克、糖少许。

做法

1. 胡萝卜削皮切丁，洋葱去皮切丁，菇类切小丁。
2. 热锅后加一小匙油，放入洋葱及猪里脊肉末拌炒至肉熟。
3. 加入番茄酱及 100 毫升的水，烹煮至沸。
4. 放入菇类、胡萝卜丁及少许糖煮至入味，即完成酱料。
5. 锅中加水煮沸后投入贝壳面，约煮 5 分钟后捞起（试吃确定已熟软），可加几滴橄榄油，避免熟面黏糊。
6. 将 4 酱料淋在贝壳面上拌匀即可。

★ 温馨提示 ★

1. 为了方便宝宝食用，食材都要切成适口的大小，特别是菇类或肉质较硬的牛腩，但不需要搅拌成泥，才能训练咀嚼能力。
2. 食材不只要煮熟，还要尽量煮到软烂，才容易入口。

高钙双鱼蛋黄浓汤贝壳面

色彩缤纷、口感耐嚼弹牙，带给宝宝满满的咀嚼乐趣！

(15个月以上) (高钙补骨) (帮助成长)

材 料

鲷鱼（或黄花鱼、鲳鱼）100克，丁香鱼100克，咸蛋黄半颗，水煮蛋黄半颗，贝壳面100克，新鲜的玉米粒、洋葱、奶油皆少许，盐少许。

做 法

1. 鲷鱼煎熟压碎备用、丁香鱼洗干净备用。

2. 玉米粒烫熟，搅拌成泥备用。

3. 热锅放入奶油，融化后放入咸蛋黄压散，再加少许洋葱丁拌炒。

4. 加200毫升水，倒入玉米泥、鲷鱼及丁香鱼，一起煮沸。

5. 以少许盐调味后，加入水煮蛋黄拌开，即完成酱料。

6. 锅中加水煮沸后投入贝壳面，约煮5分钟后捞起（试吃确定已熟软），可加几滴橄榄油，避免熟面黏糊。

7. 将5酱料淋在贝壳面上拌匀即可。

牛腩综合蔬菜浓汤贝壳面

每一口面都吃得到吸饱汤汁的浓郁香气，让人胃口大开。

15个月以上　摄取适量纤维　帮助消化

材 料

胡萝卜少许、洋葱少许、马铃薯50克、牛腩100克、贝壳面100克、新鲜玉米粒少许、奶油少许、盐少许。

做 法

1. 胡萝卜、马铃薯削皮切丁，洋葱去皮切丁备用。
2. 玉米粒烫熟，搅拌成泥备用。
3. 牛腩切丁备用。
4. 热炒锅后加入奶油，待融化后放入切丁的蔬菜拌炒。
5. 加200毫升水，倒入玉米泥、牛腩块，煮至熟软。以少许盐调味后，即完成酱料。
6. 锅中加水煮沸后投入贝壳面，约煮5分钟后捞起（试吃确定已熟软），可加几滴橄榄油，避免熟面黏糊。
7. 将 5 酱料淋在贝壳面上拌匀即可。

鸡腿综合蔬菜浓汤拉面

层次丰富，面条记得剪成小段，帮助宝宝消化。

15个月以上 优质蛋白 补充热量

材料

胡萝卜少许、洋葱少许、马铃薯少许、鸡腿肉100克、拉面100克（剪成小段）、新鲜玉米粒少许、奶油少许、盐少许。

做法

1. 胡萝卜、马铃薯削皮切丁，洋葱去皮切丁备用。
2. 玉米粒烫熟，搅拌成泥备用。
3. 鸡腿肉切丁备用。
4. 热炒锅后加入奶油，融化后放入切丁的蔬菜拌炒。
5. 加200毫升水，倒入玉米泥、鸡肉丁，煮至熟软。以少许盐调味后，即完成酱料。
6. 锅中加水煮沸后投入拉面，约煮5分钟后捞起（试吃确定已熟软），可加几滴橄榄油，避免熟面黏糊。
7. 将5酱料淋在拉面上拌匀即可。

南瓜综合蔬菜浓汤拉面

带点自然甜味，全素全营养的高纤餐点！

15个月以上　富含膳食纤维　护肠助消化

材料

胡萝卜少许、洋葱少许、马铃薯少许、南瓜100克、拉面100克（剪成小段）、新鲜玉米粒少许、奶油少许、盐少许。

做法

1. 胡萝卜削皮切丁，洋葱去皮切丁后备用。
2. 玉米粒烫熟，搅拌成泥备用。
3. 南瓜去皮切成块状，蒸熟后搅拌成泥备用。
4. 马铃薯削皮切块，先保留少量切丁备用，另外再蒸熟搅拌成泥。
5. 热炒锅，加奶油，融化后放入切丁的洋葱拌炒。
6. 加200毫升水，倒入玉米泥、马铃薯泥和南瓜泥拌匀，再用小火熬煮5分钟。
7. 放入胡萝卜丁和马铃薯丁，一起煮至软熟，加入少许盐即完成酱料。
8. 锅中加水煮沸后投入拉面，约煮5分钟后捞起（试吃确定已熟软），可加几滴橄榄油，避免熟面黏糊。
9. 将⑦酱料淋在拉面上拌匀即可。

鲜菇蔬菜奶香炖饭

清淡的奶香搭配蔬菜，增加口感变化，提高宝宝的接受度！

材料

米 1 杯、水 200 毫升、高汤 200 毫升、西兰花少许、胡萝卜少许、菇类 50 克、鲜奶油少许、卷心菜 50 克、盐少许。

做法

1. 卷心菜和菇类切细，汆烫后备用。
2. 西兰花只取花穗部分，汆烫好剥成碎末备用。
3. 胡萝卜削皮切丁备用。
4. 热锅后放少许油，加入胡萝卜丁和米用小火拌炒。
5. 高汤和水，分别放一半的量，用小火煮4到汤汁收干，再加入另外一半的高汤及水，待汤汁收干。
6. 把5放入电炖锅内锅，加入汆烫过的卷心菜和菇类，再放鲜奶油、少许盐和一杯水，搅拌均匀。
7. 外锅加一杯水，蒸熟后闷一下，撒上西兰花末即可食用。

鸡肉蔬菜奶香炖饭

营养满分的炖饭，为活动量增大的宝宝补足热量！

材料

米1杯、水200毫升、高汤200毫升、西兰花少许、胡萝卜少许、卷心菜50克、鸡肉50克、鲜奶油少许、盐少许。

做法

1. 鸡肉切丁，汆烫后备用。
2. 西兰花只取花穗部分，汆烫好剥成碎末备用。
3. 卷心菜切细，汆烫后备用。
4. 胡萝卜削皮切丁备用。
5. 热锅，放少许油，加入胡萝卜丁和米用小火拌炒。
6. 高汤和水，分别放一半的量，用小火煮5到汤汁收干，再加入另外一半的高汤及水，待汤汁收干。
7. 把6放入电炖锅内锅，加入汆烫过的卷心菜和鸡肉丁，再放鲜奶油、少许盐和一杯水，搅拌均匀。
8. 外锅加一杯水，蒸熟后闷一下，撒上西兰花末即可食用。

猪肉蔬菜奶香炖饭

红肉脂肪偏多，但富含铁、锌等矿物质，宝宝更易吸收。

材料

米 1 杯、水 200 毫升、高汤 200 毫升、西兰花少许、胡萝卜少许、卷心菜 50 克、猪肉 50 克、鲜奶油少许、盐少许。

做法

1. 猪肉切细丝，汆烫后备用。
2. 西兰花只取花穗部分，汆烫好剥成碎末备用。
3. 卷心菜切细，汆烫后备用。
4. 胡萝卜削皮切丁备用。
5. 热锅，放少许油，加入胡萝卜丁和米用小火拌炒。
6. 高汤和水，分别放一半的量，用小火煮5到汤汁收干，再加入另外一半的高汤及水，待汤汁收干。
7. 把6放入电炖锅内锅，加入汆烫过的卷心菜和肉丝，再放鲜奶油、少许盐和一杯水，搅拌均匀。
8. 外锅加一杯水，蒸熟后闷一下，撒上西兰花末即可食用。

牛肉蔬菜奶香炖饭

15个月以上　高蛋白　增加体能

加入肉香和蔬菜的鲜甜，视觉变得丰富，营养更全面。

材料

米1杯、水200毫升、高汤200毫升、西兰花少许、胡萝卜少许、牛肉50克、鲜奶油少许、盐少许。

做法

1. 牛肉切细丝，余烫后备用。
2. 西兰花只取花穗部分，余烫好剥成碎末备用。
3. 胡萝卜削皮切丁备用。
4. 热锅，放少许油，加入胡萝卜丁和米用小火拌炒。
5. 高汤和水，分别放一半的量，用小火煮④到汤汁收干，再加入另外一半的高汤及水，待汤汁收干。
6. 把⑤放入电炖锅内锅，加入余烫过的肉丝，再放鲜奶油、少许盐和一杯水，搅拌均匀。
7. 外锅加一杯水，蒸熟后闷一下，撒上西兰花末即可食用。

鸡肉地瓜椰香炖饭

椰奶浓纯绵密的口感，大大提高宝宝的食欲。

材 料

米 1 杯、水 200 毫升、高汤 200 毫升、西兰花少许、胡萝卜少许、鸡肉 50 克、地瓜 50 克、椰奶少许、盐少许。

做 法

1. 鸡肉切丁，氽烫后备用。
2. 西兰花只取花穗部分，氽烫好剥成碎末备用。
3. 胡萝卜和地瓜削皮切丁备用。
4. 热锅后放少许油，加入胡萝卜丁和米用小火拌炒。
5. 高汤和水，分别放一半的量，用小火煮4到汤汁收干，再加入另外一半的高汤及水，待汤汁收干。
6. 把5放入电炖锅内锅，加入鸡丁、地瓜丁，再放椰奶、少许盐和一杯水，搅拌均匀。
7. 外锅加一杯水，蒸熟后闷一下，撒上西兰花末即可食用。

猪肉地瓜椰香炖饭

15 个月 以上　胡萝 卜素　护眼 益智

椰奶浓郁但无甜味，可以增加料理变化，是各种食物的百搭拍档。

材料

米 1 杯、水 200 毫升、高汤 200 毫升、西兰花少许、胡萝卜少许、猪肉 50克、地瓜 50 克、椰奶少许、盐少许。

做法

1. 猪肉切丝，氽烫后备用。
2. 西兰花只取花穗部分，氽烫好剥成碎末备用。
3. 胡萝卜和地瓜削皮切丁备用。
4. 热锅后放少许油，加入胡萝卜丁和米用小火拌炒。
5. 高汤和水，分别放一半的量，用小火煮4到汤汁收干，再加入另外一半的高汤及水，待汤汁收干。
6. 把5放入电炖锅内锅，加入猪肉丝、地瓜丁，再放椰奶、少许盐和一杯水，搅拌均匀。
7. 外锅加一杯水，蒸熟后焖一下，撒上西兰花末即可食用。

牛肉地瓜椰香炖饭

绵密的地瓜能减低肉质的涩感，让宝宝吃得更顺口。

材 料

米1杯、水200毫升、高汤200毫升、西兰花少许、胡萝卜少许、牛肉50克、地瓜50克、椰奶少许、盐少许。

做 法

1. 牛肉切丝，氽烫后备用。
2. 西兰花只取花穗部分，氽烫好剥成碎末备用。
3. 胡萝卜和地瓜削皮切丁备用。
4. 热锅后放少许油，加入胡萝卜丁和米用小火拌炒。
5. 高汤和水，分别放一半的量，用小火煮4到汤汁收干，再加入另外一半的高汤及水，待汤汁收干。
6. 把5放入电炖锅内锅，加入牛肉丝、地瓜丁，再放椰奶、少许盐和一杯水，搅拌均匀。
7. 外锅加一杯水，蒸熟后闷一下，撒上西兰花末即可食用。

鸡肉南瓜椰香炖饭

弹牙的鸡肉，加入椰奶口感更滑顺，深受宝宝的喜爱！

材料

米1杯、水200毫升、高汤200毫升、西兰花少许、胡萝卜少许、鸡肉50克、南瓜50克、椰奶少许、盐少许。

做法

1. 鸡肉切丁，汆烫后备用。
2. 西兰花只取花穗部分，汆烫好剥成碎末备用。
3. 胡萝卜和南瓜削皮切丁备用。
4. 热锅后放少许油，加入胡萝卜丁和米用小火拌炒。
5. 高汤和水，分别放一半的量，用小火煮4到汤汁收干，再加入另外一半的高汤及水，待汤汁收干。
6. 把5放入电炖锅内锅，加入鸡丁、南瓜丁，再放椰奶、少许盐和一杯水，搅拌均匀。
7. 外锅加一杯水，蒸熟后闷一下，撒上西兰花末即可食用。

猪肉南瓜椰香炖饭

南瓜烹煮后口感会变得绵软滑顺，非常适合做成炖饭。

材料

米 1 杯、水 200 毫升、高汤 200 毫升、西兰花少许、胡萝卜少许、猪肉 50 克、南瓜 50 克、椰奶少许、盐少许。

做法

1. 猪肉切丝，汆烫后备用。
2. 西兰花只取花穗部分，汆烫好剥成碎末备用。
3. 胡萝卜和南瓜削皮切丁备用。
4. 热锅，放少许油，加入胡萝卜丁和米用小火拌炒。
5. 高汤和水，分别放一半的量，用小火煮4到汤汁收干，再加入另外一半的高汤及水，待汤汁收干。
6. 把5放入电炖锅内锅，加入肉丝、南瓜丁，再放椰奶、少许盐和一杯水，搅拌均匀。
7. 外锅加一杯水，蒸熟后闷一下，撒上西兰花末即可食用。

牛肉南瓜椰香炖饭

15个月以上　富含果胶　帮助吸收

南瓜的甘甜和香气，可以去除肉类腥味，宝宝更乐于尝试。

材料

米1杯、水200毫升、高汤200毫升、西兰花少许、胡萝卜少许、牛肉50克、南瓜50克、椰奶少许、盐少许。

做法

1. 牛肉切丝，氽烫后备用。
2. 西兰花只取花穗部分，氽烫好剥成碎末备用。
3. 胡萝卜和南瓜削皮切丁备用。
4. 热锅后放少许油，加入胡萝卜丁和米用小火拌炒。
5. 高汤和水，分别放一半的量，用小火煮4到汤汁收干，再加入另外一半的高汤及水，待汤汁收干。
6. 把5放入电炖锅内锅，加入肉丝、南瓜丁，再放椰奶、少许盐和一杯水，搅拌均匀。
7. 外锅加一杯水，蒸熟后闷一下，撒上西兰花末即可食用。

鸡肉蔬菜胚芽米奶香炖饭

胚芽米与白米咀嚼的口感略不同，带给宝宝新的刺激。

高纤
高钙

改善
便秘

材 料

胚芽米1杯、水200毫升、高汤200毫升、西兰花少许、胡萝卜少许、鸡肉50克、鲜奶油少许、盐少许。

做 法

1. 鸡肉切丁，氽烫后备用。
2. 西兰花只取花穗部分，氽烫好剥成碎末备用。
3. 胡萝卜削皮切丁备用。
4. 热锅后放少许油，加入胡萝卜丁和胚芽米用小火拌炒。
5. 高汤和水，分别放一半的量，用小火煮4到汤汁收干，再加入另外一半的高汤及水，待汤汁收干。
6. 把5放入电炖锅内锅，加入鸡丁，再放鲜奶油、少许盐和一杯水，搅拌均匀。
7. 外锅加一杯水，蒸熟后闷一下，撒上西兰花末即可食用。

鲜菇蔬菜胚芽米奶香炖饭

胚芽米的好处多，只要煮得软烂，大一点的宝宝可尝试。

摄取微量元素　纤维多多

材料

胚芽米 1 杯、水 200 毫升、高汤 200 毫升、西兰花少许、胡萝卜少许、菇类 50 克、鲜奶油少许、盐少许。

做法

① 菇类切细汆烫，再取西兰花花穗，汆烫剥碎备用。

② 胡萝卜削皮切丁备用。

③ 热锅，放少许油后加入②和米用小火拌炒。

④ 高汤和水，分别放一半的量，用小火煮③到汤汁收干，再加入另一半的高汤及水，待汤汁收干。

⑤ 把④放入电炖锅内锅，加入菇类后，再放鲜奶油、少许盐和一杯水拌匀。

⑥ 外锅加一杯水，蒸熟后闷一下，撒上西兰花末即可使用。

★ 温馨提示 ★

胚芽米

收获的稻谷经加工脱去谷壳再碾去米糠层，保留住胚芽及稻米薄膜，即为胚芽米。其香脆弹牙的口感，比白米或糙米来得好吃、好消化，且胚芽米去除米糠部分后，粗纤维较少，在人体肠道中更好消化与吸收。烹煮时，胚芽米最好先泡 2～3 小时，胚芽米和水的比例一般是 1：2，但炖饭更湿软，水量也较多，可用高汤增加营养和风味。

猪肉蔬菜胚芽米奶香炖饭

除了纤维素，还能吃到保留在胚芽中的丰富营养。

15个月以上　B族维生素　增强抵抗力

材料

胚芽米1杯、水200毫升、高汤200毫升、西兰花少许、胡萝卜少许、猪肉50克、鲜奶油少许、盐少许。

做法

1. 猪肉切丝，氽烫后备用。
2. 西兰花只取花穗部分，氽烫好剥成碎末备用。
3. 胡萝卜削皮切丁备用。
4. 热锅后放少许油，加入胡萝卜丁和胚芽米用小火拌炒。
5. 高汤和水，分别放一半的量，用小火煮4到汤汁收干，再加入另外一半的高汤及水，待汤汁收干。
6. 把5放入电炖锅内锅，加入肉丝，再放鲜奶油、少许盐和一杯水，搅拌均匀。
7. 外锅加一杯水，蒸熟后闷一下，撒上西兰花末即可食用。

牛肉蔬菜胚芽米奶香炖饭

均衡摄取脂肪和纤维，让宝宝增加热量，同时零负担。

(15 个月以上) (微量元素) (促进新陈代谢)

材料

胚芽米 1 杯、水 200 毫升、高汤 200 毫升、西兰花少许、胡萝卜少许、牛肉 50 克、鲜奶油少许、盐少许。

做法

1 牛肉切丝，汆烫后备用。

2 西兰花只取花穗部分，汆烫好剥成碎末备用。

3 胡萝卜削皮切丁备用。

4 热锅，放少许油，加入胡萝卜丁和胚芽米用小火拌炒。

5 高汤和水，分别放一半的量，用小火煮4到汤汁收干，再加入另外一半的高汤及水，待汤汁收干。

6 把5放入电炖锅内锅，加入肉丝，再放鲜奶油、少许盐和一杯水，搅拌均匀。

7 外锅加一杯水，蒸熟后闷一下，撒上西兰花末即可食用。

鸡肉地瓜胚芽米椰香炖饭

担心宝宝便秘？不妨适量喂食胚芽米，搭配地瓜效果更佳。

15个月以上　富含膳食纤维　促进肠胃蠕动

材料

胚芽米1杯、水200毫升、高汤200毫升、西兰花少许、胡萝卜少许、地瓜50克、鸡肉50克、椰奶少许、盐少许。

做法

1. 鸡肉切丁，氽烫后备用。
2. 西兰花只取花穗部分，氽烫好剥成碎末备用。
3. 胡萝卜削皮切丁备用。
4. 地瓜削皮切块，蒸熟备用。
5. 热锅，放少许油，加入胡萝卜丁和胚芽米用小火拌炒。
6. 高汤和水，分别放一半的量，用小火煮5到汤汁收干，再加入另外一半的高汤及水，待汤汁收干。
7. 把6放入电炖锅内锅，加入氽烫过的鸡丁和熟地瓜，再放椰奶、少许盐和一杯水，搅拌均匀。
8. 外锅加一杯水，蒸熟后闷一下，撒上西兰花末即可食用。

猪肉地瓜胚芽米椰香炖饭

胚芽米的纤维素含量高且富含多种营养素，记得提醒宝宝细嚼慢咽。

(15个月 以上) (糖类 维生素) (补充 热量)

材料

胚芽米 1 杯、水 200 毫升、高汤 200 毫升、西兰花少许、胡萝卜少许、地瓜 50 克、猪肉 50 克、椰奶少许、盐少许。

做法

1. 猪肉切丝，氽烫后备用。
2. 西兰花只取花穗部分，氽烫好剥成碎末备用。
3. 胡萝卜削皮切丁备用。
4. 地瓜削皮切块，蒸熟备用。
5. 热锅后放少许油，加入胡萝卜丁和胚芽米用小火拌炒。
6. 高汤和水，分别放一半的量，用小火煮⑤到汤汁收干，再加入另外一半的高汤及水，待汤汁收干。
7. 把⑥放入电炖锅内锅，加入氽烫过的肉丝和熟地瓜，再放椰奶、少许盐和一杯水，搅拌均匀。
8. 外锅加一杯水，蒸熟后闷一下，撒上西兰花末即可食用。

鲜菇地瓜胚芽米椰香炖饭

蔬菜口感清淡加上椰香，能尝到不同风味。

材 料

胚芽米 1 杯、水 200 毫升、高汤 200 毫升、西兰花少许、胡萝卜少许、地瓜50 克、鲜菇 50 克、椰奶少许、盐少许。

做 法

1. 鲜菇切细，氽烫后备用。
2. 西兰花只取花穗部分，氽烫好剥成碎末备用。
3. 胡萝卜削皮切丁备用。
4. 地瓜削皮切块，蒸熟备用。
5. 热锅后放少许油，加入胡萝卜丁和胚芽米用小火拌炒。
6. 高汤和水，分别放一半的量，用小火煮5到汤汁收干，再加入另外一半的高汤及水，待汤汁收干。
7. 把6放入电炖锅内锅，加入氽烫过的菇类和熟地瓜，再放椰奶、少许盐和一杯水，搅拌均匀。
8. 外锅加一杯水，蒸熟后闷一下，撒上西兰花末即可食用。

7 健康美味烩料

拌饭、拌面两相宜，美味餐点轻松上桌！

- 🗨 调味量：低调味＝3分咸
- 🗨 喂食建议：佐餐、拌饭或面食
- 🗨 适用月龄：18个月以上

　　宝贝的咀嚼能力突飞猛进，面饭类也不需要另外准备了。煮一锅烩料，搭配白饭或面条都适合，为妈妈们节省张罗三餐的时间，也不会让宝宝餐缺乏变化。不过还是要讲究少油、少盐、少糖的低调味，避免从小养成重咸口味，对健康带来负面影响。

⚫ 轻松加菜、营养升级

　　烩料本身的浓稠口感，提高宝宝对食材的接受度，除了基本的肉类营养之外，爸爸妈妈也可以自行加菜，氽烫一些当季的新鲜蔬菜，如西兰花、上海青等搭配烩料，让营养摄取更均衡！

亲子同桌共餐的卫生原则

　　用餐时间尽量固定，而且鼓励宝宝乖乖坐在婴儿餐椅上，跟着大人同桌共餐，透过日常生活培养孩子良好的饮食习惯和餐桌礼仪。另一方面，宝宝的肠胃还很脆弱，因此大人和小孩的餐具一定要分开，如果共享菜肴时，也要谨记公筷母匙的卫生原则，避免感染。

让宝宝尝试各种口感的"4大主食"

　　这阶段适合宝宝的主食选择很多，白米饭、米粒面、贝壳面或手工拉面都可以用来搭配烩料，不但有饱腹感，也能应付宝宝日常活动所需的热量。建议不要三餐都喂宝宝吃饭或是吃面，变换花样可以促进食欲，也能给宝宝更多的感官刺激，体验不同食物的口感。

　● 调味量：无　　　　　　　● 喂食建议：适合佐餐，拌饭或面食
　● 适用月龄：15个月以上

高汤米饭

材料　米1杯、高汤1杯、水半杯。

做法
① 生米洗净后加入高汤、水。
② 电炖锅的外锅放一杯开水，开关跳起后打开将饭拌匀，再闷一下即可。

贝壳熟面

材料　贝壳面200克。

做法
① 锅中加入八分满的水煮开。
② 将贝壳面倒入沸水中煮5~10分钟。
③ 试吃软硬度，直到面煮至熟软即可。

小叮咛

　　贝壳面的口感不同于米饭类，能刺激宝宝的咀嚼感受，食用时可以拌入不同风味的烩料增加变化。

米粒熟面

材料 生米粒面 300 克。

做法
1. 锅中加入八分满的水煮开。
2. 将生米粒面倒入沸水中煮 10~15 分钟。
3. 取一些试吃，直到面熟软即可捞出。

蔬菜手工拉面

材料 蔬菜手工拉面200克（剪成小段）。

做法
1. 锅中加入八分满的水煮开。
2. 将蔬菜拉面倒入沸水中煮 5~10 分钟。
3. 取一些试吃，直到面熟软即可捞出。

小叮咛

1. 平常烹煮面条，会在沸水中加一小撮盐让面条更紧缩有弹性，或加一小匙油，避免黏住，但宝宝餐的准备需格外小心油、盐分量，尽量少用或不加。
2. 其他面条的处理方式相同，线面可先用冷水冲过再汆烫，避免太咸。
3. 各家品牌的面条烹调时间长短略有差异，多试吃几次就能抓出所需的烹调时间。
4. 可将面条先剪短再喂食，避免宝宝噎到。

蘑菇综合蔬菜咖喱烩料

全蔬食烩料，让宝宝品尝鲜甜的蔬菜原味。

材料

洋葱少许、马铃薯 100 克、胡萝卜少许、蘑菇 100 克、咖喱块 25 克、太白粉少许。

做法

1. 洋葱、马铃薯与胡萝卜去皮切小丁、蘑菇切碎末。
2. 马铃薯及胡萝卜烫熟备用。
3. 太白粉加入少许水（约 1：2）搅匀备用。
4. 热锅，加入一匙油。
5. 先放入洋葱拌炒，再加入马铃薯、胡萝卜、蘑菇等炒到软熟。
6. 加入咖喱块拌炒入味。
7. 起锅前，酌量加入太白粉水勾芡即完成。

★ 温馨提示 ★

营养专家强调，网络流传太白粉有毒性、会伤身，不宜多吃，这些都是没有根据的说法。太白粉主要是树薯或马铃薯萃取的淀粉，一般只要适量或少量摄取，都不会造成问题，但提醒需要减重的人，要尽量避免勾芡类食物。

芝士鸡腿肉咖喱烩料

芝士的钙含量丰富，特殊香味也能引起宝宝食欲。

材料

洋葱少许、马铃薯 100 克、胡萝卜少许、芝士少许、鸡腿肉 100 克、咖喱块 25 克、太白粉少许。

做法

1. 洋葱、马铃薯与胡萝卜去皮切小丁备用。
2. 马铃薯及胡萝卜烫熟备用。
3. 鸡腿切小块备用。
4. 芝士切丁备用。
5. 太白粉加入少许水（约 1 ：2）搅匀备用。
6. 热锅，加入一匙油。放入洋葱拌炒，再加入马铃薯、胡萝卜等，炒到软熟为止。
7. 加入鸡腿肉和咖喱块，拌炒至肉熟入味。
8. 起锅前，酌量加入太白粉水勾芡。
9. 趁热放入芝士丁，即可食用。

苹果鸡腿肉咖喱烩料

马铃薯与胡萝卜富含维生素 A，有助细胞及骨骼生长。

材 料

洋葱少许、马铃薯 100 克、胡萝卜少许、苹果少许、鸡腿肉 100 克、咖喱块 25 克、太白粉少许。

做 法

1. 将洋葱、苹果、马铃薯与胡萝卜去皮切小丁。
2. 马铃薯及胡萝卜烫熟备用。
3. 鸡腿切小块备用。
4. 太白粉加入少许水（约 1 ： 2）搅匀备用。
5. 热锅后，加入一匙油。放入洋葱拌炒，再加入马铃薯、胡萝卜等，炒到软熟。
6. 加入鸡腿肉和咖喱块，拌炒至肉熟入味。
7. 酌量加入太白粉水勾芡。
8. 起锅前加入苹果丁稍微拌炒即可。

芝士牛肉咖喱烩料

18个月以上 · 蛋白质丰富 · 增加体力

牛肉富含蛋白质及氨基酸，营养价值更高，能提高免疫力。

材 料

洋葱少许、马铃薯 100 克、胡萝卜少许、芝士少许、牛肉 100 克、咖喱块 25 克、太白粉少许。

做 法

1. 洋葱、马铃薯与胡萝卜去皮切小丁备用。
2. 马铃薯及胡萝卜烫熟备用。
3. 牛肉切小块备用。
4. 太白粉加入少许水（约 1 ：2）搅匀备用。
5. 热锅，加入一匙油。放入洋葱拌炒，再加入马铃薯、胡萝卜等炒到软熟为止。
6. 加入牛肉和咖喱块拌炒，直至肉熟入味。
7. 起锅前，酌量加入太白粉水勾芡。
8. 趁热放入芝士丁，即可食用。

苹果牛肉咖喱烩料

如果不喜欢芝士的味道，可以改成苹果入菜。

材 料

洋葱少许、马铃薯100克、胡萝卜少许、苹果少许、牛肉100克、咖喱块25克、太白粉少许。

做 法

1. 将洋葱、苹果、马铃薯与胡萝卜去皮切小丁。
2. 马铃薯及胡萝卜烫熟备用。
3. 牛肉切小块备用。
4. 太白粉先加入少许水（约1：2）搅匀备用。
5. 热锅，加入一匙油。放入洋葱拌炒、再加入马铃薯、胡萝卜等炒到软熟为止。
6. 加入牛肉和咖喱块后，拌炒至肉熟入味。
7. 酌量加入太白粉水勾芡。
8. 起锅前加入苹果丁稍微拌炒，即可食用。

蚝油牛腩肉羹烩料

新口味宝宝餐上桌，添加蚝油的中式餐点宝宝更喜欢喔！

材料

洋葱少许、大白菜 100 克、牛肉片 100 克、蚝油少许、太白粉少许。

做法

1. 洋葱削皮切丁备用。
2. 大白菜切丝烫熟。
3. 牛肉片切丁。
4. 太白粉加入少许水（约 1：2）搅匀备用。
5. 热锅，加入一匙油。先放入洋葱、马铃薯和蚝油拌炒。
6. 加大约 200 毫升的水，再放入大白菜丝，煮至食材软熟。
7. 切成小块的牛肉丁很容易熟，最后再放入。
8. 起锅前酌量加入太白粉勾芡即可。

★ 温馨餐提示 ★

酱油、蚝油有何不同？

　　酱油是大豆发酵，蚝油则是海鲜和大豆为基底，口感有鲜味。酱油的咸度大于蚝油，但甜度和鲜度则是蚝油多于酱油，因此卤味多用酱油，勾芡类或要增加食物鲜度时则会选用蚝油。不管是哪种，宝宝餐的调味都要尽量少量，避免过咸或过甜。

蚝油里脊蔬菜烩料

猪肉能提供身体所需的蛋白质及维生素，选择低脂猪肉，以免胆固醇过高。

材料　洋葱少许、大白菜 100 克、猪里脊肉 100 克、蚝油少许、太白粉少许。

做法
1. 洋葱切丁、大白菜切丝烫熟、猪肉切小块。
2. 热锅加一匙油，拌炒洋葱、马铃薯和蚝油。
3. 加 200 毫升水，放入大白菜丝煮至熟软，最后放猪肉丁。
4. 起锅前加太白粉水勾芡即可。

蚝油高钙双鱼肉片烩料

鲷鱼和丁香鱼入菜钙多多，加入软嫩白菜，带给宝宝不一样的口感！

材料　无刺鲷鱼 50 克、丁香鱼 50 克、大白菜 100 克、蚝油少许、太白粉少许。

做法
1. 大白菜切丝烫熟、鲷鱼切块、丁香鱼用沸水烫熟去腥。
2. 热锅加一匙油后，拌炒大白菜丝和蚝油。
3. 加 200 毫升的水，白菜熟软后放入鱼肉。
4. 起锅前加太白粉水勾芡即可。

菠菜奶香鸡腿肉烩料

菠菜和鲜奶结合的浓郁奶香料理，富含纤维又能让宝贝食欲大增喔！

18 个月以上　丰富纤维素　改善便秘

材 料

洋葱少许、菇类 50 克、鲜奶 350 克、奶油少许、菠菜少许、鸡腿肉 100 克、太白粉少许、盐少许。

做 法

1. 洋葱去皮切丁、菇类切小丁备用。
2. 菠菜切小段，烫熟后搅拌打成泥。
3. 鸡腿肉切小块。
4. 太白粉加入少许水（约 1：2）搅匀备用。
5. 热锅，加入奶油。
6. 放入切丁的洋葱和菇类拌炒。
7. 倒入鲜奶，转至小火煮沸。
8. 放入鸡肉丁，加少许盐调味，等待酱汁沸腾，肉煮到熟透。
9. 酌量加入太白粉水勾芡，起锅后，加入菠菜泥拌匀即可。

★ 温馨提示 ★

菠菜的纤维素较高，需事先打成泥，最后再倒入烩料拌匀，也可避免菠菜味道盖过奶香。

菠菜奶香牛腩烩料

只要简单煮个面条或是白饭一碗，淋上烩料，美味的宝宝餐点上桌啰！

材 料 洋葱少许、菇类 50 克、鲜奶 350 克、奶油少许、菠菜少许、牛肉片 100 克、太白粉少许、盐少许。

做 法
1. 洋葱、菇类洗净后切小丁。
2. 菠菜烫熟打成泥，牛肉切小块氽烫备用。
3. 热锅后加奶油拌炒❶，再倒鲜奶转小火煮沸。
4. 放牛肉丁后加少许盐煮至熟透。
5. 加太白粉水，起锅后拌入菠菜泥。

菠菜奶香里脊烩料

烹煮菠菜时会释放出丰富的维生素和矿物质，是料理的营养搭档。

材 料 洋葱少许、菇类 50 克、鲜奶 350 克、奶油少许、菠菜少许、猪里脊肉 100 克、太白粉少许、盐少许。

做 法
1. 洋葱、菇类洗净后切小丁。
2. 菠菜烫熟打成泥，猪肉切小块氽烫备用。
3. 热锅后加奶油拌炒❶，再倒鲜奶转小火煮沸。
4. 放猪肉丁后加少许盐煮至熟透。
5. 加太白粉水，起锅后拌入菠菜泥。

苋菜丁香鱼烩料

苋菜和丁香鱼的组合，构成了性价比超高的补钙餐。

材料

苋菜 100 克、丁香鱼 100 克、太白粉少许、枸杞少许、蒜头少许、盐少许、鱼骨高汤 300 毫升。

做法

1. 苋菜切小段备用。
2. 太白粉加入少许水（约 1：2）搅匀备用。
3. 热锅，加入一匙油。
4. 放入蒜头爆香，接着加鱼骨高汤 300 毫升，小火煮开约 5 分钟后，再把蒜头捞掉。
5. 加入苋菜、枸杞、丁香鱼。
6. 煮开后加少许盐调味，起锅前以太白粉水勾芡即可。

★ 温馨提示 ★

鱼骨高汤做法

1000 毫升的水加入鱼骨 100 克及几片老姜，熬煮 30 分钟后将杂质滤掉。接着再次煮沸，最后加两滴米酒去腥（也可以不加）。

8 炖汤线面、低盐炒饭

满足宝宝的大胃口，吃饱又吃好！

- 调味量：中调味＝5分咸
- 喂食建议：主食
- 适用月龄：20个月以上

　　这个阶段的宝宝活动量非常大，胃口好时，食量常让大人惊叹："我家宝宝真的长大了呢！这么大碗的饭都吃得精光。"但开心之余，也有家长开始烦恼，宝宝食量太大，体重明显超过标准该怎么办？当然，也有宝宝不买单，爱动却不爱吃或是长高不长肉，令人忧心营养是否不够？家长的这些担心我非常能体会，因为咱们家明明准备的食物一样，但老大瀚可食量好，个头也壮壮的，老二汉娜则恰好相反，吃得少，身型也娇小。因为这样，我们也常面对亲友"关切"的询问，但我始终抱着平常心。

　　透过准备功夫的升级，让宝宝吃饱又吃好，满足成长所需，其实并不困难。但我还是要强调，只要孩子的活动量正常，而且身心均衡发展，家长就可以放心，不用过度执着身高或是体重的数字。

● "线面和炒饭"是好动宝宝的最佳选择

　　炖汤搭配线面或是低盐炒饭，看似简单，其实却刚好符合这个时期的宝宝作息。好动的宝宝肚子饿时，胃口大开，但也"坐不住"。如何掌握喂食的短暂时间，让宝宝多吃一点营养好料，经常考验家长的耐心和体力。这时候，运用丰富材料炖煮而成的汤品，加上易食好消化的线面；或是一碗吃进全部营养的炒饭，绝对是父母的聪明选择。

双鱼鲜蔬炖汤线面

看似简单的炖汤料理，成功的关键是食材要新鲜，才不会过度油腻。

材料

鲷鱼 50 克、丁香鱼 50 克、胡萝卜 30 克、白萝卜 30 克、豆腐 30 克、高汤 500 毫升、线面 30 克。

做法

1. 鲷鱼和丁香鱼先处理干净。
2. 胡萝卜、白萝卜削皮切丁，豆腐切丁备用。
3. 高汤加入胡萝卜丁、白萝卜丁，熬煮约 30 分钟。
4. 最后加入豆腐丁及鱼肉，续煮至软熟为止。
5. 沸水煮开，放入线面，约 3 分钟熟软即可捞起，可用冷开水冲淋或是滴入少许橄榄油避免黏糊。
6. 将④加入煮好的线面，即可食用。

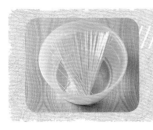

★ 温馨提示 ★

线面可先用冷水冲过再汆烫，避免盐分太多，增加宝宝肾脏的负担。

鸡腿鲜菇炖汤线面

鸡腿的鲜味融入汤里，加上菇类的大量维生素，吃得到满满的营养。

材料　鸡腿肉 100 克、胡萝卜丁 50 克、白萝卜丁 50 克、菇类 30 克、豆腐 30 克、鸡骨高汤 500 毫升、线面 30 克。

做法

❶ 鸡腿汆烫后捞起切丁备用，胡萝卜、白萝卜削皮切丁，菇类切丁。

❷ 高汤加入胡萝卜丁、白萝卜丁、菇类，熬煮约 30 分钟。

❸ 最后加入豆腐丁及鸡丁。

❹ 参考第 161 页做法，煮好线面。

❺ 将❸加入煮好的线面，即可食用。

鲷鱼味噌汤线面

以黄豆发酵酿制味噌不只是调味酱，也含有多种营养成分哦！

材料　鲷鱼 100 克、豆腐 50 克、金针菇少许、海带芽少许、味噌少许、鱼骨高汤 500 毫升、柴鱼片少许。

做法

❶ 将高汤加入柴鱼片，熬煮 20 分钟后滤掉柴鱼片就完成柴鱼高汤。

❷ 把味噌加入柴鱼高汤中，小火煮 5 分钟。

❸ 加入鲷鱼，煮熟后加入豆腐、金针菇、海带芽等，再煮约 3 分钟即可。

❹ 参考第 161 页做法，煮好线面。

❺ 将❸加入煮好的线面，即可食用。

牛肉野菇肉骨茶线面

起锅前把浮油和杂质过滤干净，汤头才会鲜甜清爽。

材 料

牛肉 100 克、大白菜 30 克、菇类 30 克、枸杞少许、肉骨茶包、水 500 毫升。

做 法

1. 大白菜切小段、菇类切小片。
2. 牛肉切丁汆烫好备用。
3. 肉骨茶包放入电炖锅内锅中，加入 500 毫升水。
4. 外锅放半杯水，开关跳起后加入大白菜、菇类、枸杞，外锅再放半杯水，再加热一次。
5. 加入汆烫过的牛肉闷熟。
6. 沸水煮开，放入线面，约 3 分钟熟软即可捞起，可用冷开水冲淋或是滴入少许橄榄油避免黏糊。
7. 将5加入煮好的线面，即可食用。

★ 温馨提示 ★

　　肉骨茶包的中药成分有玉竹、桂枝、熟地黄、当归、川芎、沙参、肉桂、甘草、小茴香、黑枣、丁香、黄芪、参须、陈皮、白胡椒、八角、淮山药、枸杞、桂圆肉等。以上每一项的成分都是少量，仅提供调味作用，家长不用担心对宝宝会有影响。但如果是单独采用中药材进补，就要格外谨慎小心，最好先请教儿科医师。

猪肉野菇肉骨茶线面

炖煮后的肉质细嫩加上汤头浓郁，能让宝宝食欲大开。

材料

猪肉100克、大白菜30克、菇类30克、枸杞少许、肉骨茶包、水500毫升。

做法

1. 大白菜切小段、菇类切小块。
2. 猪肉切丁汆烫好备用。
3. 肉骨茶包放入电炖锅内锅中，加入500毫升水。
4. 外锅放半杯水，开关跳起后加入大白菜、菇类、枸杞，外锅再放半杯水，再加热一次。
5. 加入汆烫过的猪肉闷熟。
6. 沸水煮开，放入线面，约3分钟熟软即可捞起，可用冷开水冲淋或是滴入少许橄榄油避免黏糊。
7. 将⑤加入煮好的线面，即可食用。

超级元气猪腿线面

20 个月以上 · 富含胶原蛋白 · 帮助发育

适度不过量，摄取食物中的营养，对身体组织和皮肤有好处。

材料

猪腿肉 500 克、白萝卜丁 200 克、高汤 500 毫升。

做法

1. 白萝卜削皮切丁。
2. 猪腿肉切丁，氽烫过备用。
3. 热油锅，加入氽烫过的猪腿肉丁，炒至焦黄。
4. 加入少许酱油及冰糖，炒至肉上色后再捞起。
5. 另起一汤锅，加入 500 毫升高汤，加入白萝卜丁及炒过的猪腿肉，一起煮至熟烂。
6. 沸水煮开，放入线面，约 3 分钟熟软即可捞起，可用冷开水冲淋或是滴入少许橄榄油避免黏糊。
7. 将5加入煮好的线面，即可食用。

鸡腿肉茄汁低盐炒饭

选用油脂较少的鸡肉搭配蔬菜，让
炒饭营养更加全面，同时减少负担。

材料 洋葱少许、胡萝卜少许、鸡腿肉 100
克、番茄酱 10 克（可自行熬煮）、
白饭 2 碗。

做法
1. 洋葱去皮切丁、胡萝卜削皮切丁。
2. 鸡腿肉去皮切丁，汆烫过备用。
3. 热油锅，加入洋葱及胡萝卜丁炒至
   熟软。
4. 再放入鸡丁续炒至熟。
5. 最后加入白饭和番茄酱即完成。

肉松葡萄干低盐炒饭

肉松的香气，搭配口感特殊的葡萄
干，是拥有高人气的宝宝餐点。

材料 洋葱少许、胡萝卜少许、肉松 30 克
（可用炒肉丝代替）、少许葡萄干切
末、白饭 2 碗。

做法
1. 洋葱、胡萝卜去皮切丁。
2. 热油锅，把1炒软。
3. 接着再加入白饭炒匀后关火。
4. 加入肉松及葡萄干拌匀即完成。

丁香鱼鲜蔬低盐炒饭

无刺的鱼肉适合炒饭料理，加上高纤菇类，每一口都吃得到美味营养。

材料　洋葱少许、胡萝卜少许、西兰花少许、丁香鱼 150 克、白饭 2 碗、盐少许。

做法
1. 将洋葱和胡萝卜去皮切丁。
2. 西兰花取花穗，氽烫剥碎备用。
3. 丁香鱼洗净，氽烫备用。
4. 热锅，把洋葱及胡萝卜丁炒软。
5. 再放入白饭和丁香鱼续炒到熟软。
6. 最后加入西兰花末，以少许盐调味炒匀。

黄金翡翠鲜蔬低盐炒饭

少油低盐的调味，大大提高蔬菜的口感和脆度。

材料　洋葱少许、胡萝卜少许、西兰花 50 克（只取花穗部分）、猪绞肉 100 克、白饭 2 碗、盐少许。

做法
1. 洋葱去皮切丁、胡萝卜削皮切丁、西兰花切小段。
2. 热锅，把洋葱及胡萝卜丁炒软。
3. 加入白饭及氽烫过的猪肉末，续炒至熟软。
4. 加入西兰花，以少许盐调味炒匀即完成。

肉松牛肉鲜蔬低盐炒饭

多种维生素　保健作用

快炒让牛肉的口感维持软嫩，衬着香甜的洋葱丁，大口吃进满满营养。

材 料　洋葱少许、胡萝卜少许、肉松 30 克（可用炒肉丝代替）、牛肉末 100 克、白饭 2 碗。

做 法
① 洋葱、胡萝卜去皮切丁。
② 热油锅，把①炒软。
③ 再加入白饭及牛肉末续炒至熟。
④ 关火后，加入肉松拌匀即完成。

猪肉双菇低盐炒饭

20 个月以上　天然维生素　保健功效

菇类是提升免疫力的好食材，也是料理搭配的最佳配角。

材 料　洋葱少许、胡萝卜少许、猪绞肉 100 克、菇类 100 克、白饭 2 碗、盐少许。

做 法
① 洋葱去皮切丁、胡萝卜削皮切丁、菇类洗净切末。
② 热锅，把洋葱及胡萝卜丁炒软。
③ 再放入猪绞肉、菇末续炒至熟。
④ 最后加入白饭，以少许盐调味炒匀即完成。

幼儿专区

良好的饮食习惯是一辈子的健康财富

- 调味量：**重调味＝7分咸**
- 适用年龄：3～5岁
- 喂食建议：可另外准备氽烫或清炒青菜搭配。

这一系列的幼儿食谱，不管是调味和口感都偏大人的口味，但仍属清淡，小朋友普遍接受度都很不错！而且低盐、低油、低糖的健康饮食，大人也可一起享用，不需另外烹调准备。

● 小孩会模仿大人的饮食方式

很多人认为小孩子的饮食不用过度讲究，我们小时候，大人喂什么就吃什么，也没有专门的宝宝餐，还不是都平安长大了吗？这样的做法在以前没有大问题，因为那时的食物制作过程和成分大多是天然，就算乱吃，对健康的损害也有限。但现代饮食为了卖相和口感，经常添加人工的化学合成物，对肠胃和身体功能造成的不良影响，情况比过去严重。

因此，幼儿饮食虽不同于宝宝时期，很多食材和料理都可以尝试了，家长也乐得轻松！但还是要提醒，小孩会模仿大人的饮食方式，如果大人习惯挑食、重口味、三餐配冷饮或是爱吃零食，小孩也会复制同样的模式，造成体重不足或过重、生长速度缓慢等，长期下来，还会影响小孩的成长和专注力，不可不慎。

为什么肉类料理前要汆烫？在饲养、宰杀、购买到烹调等过程中，可能会产生细菌，汆烫能发挥杀菌作用。就算清洗很多次，有时还是很难去除肉类的血水，沸水汆烫不但可去血水，还能去掉一些油质，避免熬出来的汤太油腻。

● **调味量**：重调味＝7分咸　　● **喂食建议**：可泡饭或加粉丝食用。
● **适用年龄**：3～5岁

 # 野菇肉片汤

(3岁以上)　(纤维丰富)　(助肠胃消化)

肉质弹性带咬劲，切成细丁可训练咀嚼能力。

材 料

肉片（以松阪猪肉片为佳）100克、白菜50克、菇类50克、枸杞少许、猪肋骨高汤500毫升、盐少许。

做 法

1. 将白菜洗净切小片、菇类切小段。
2. 猪肉片用沸水汆烫后切细丁。
3. 将猪肋骨高汤煮开，加入❶和枸杞先煮15分钟。
4. 放入猪肉，加入少许盐调味，水沸关火即可。

小叮咛

　　3岁以下的宝宝不建议喂食泡饭，大一点的幼儿已经开始吃白饭，有时食欲不佳或是想换口味时，可以加入营养汤品吃一餐泡饭，只要记得提醒宝宝每一口都要好好咀嚼再吞下去即可。

　　主因是泡饭不像粥那样米粒和水融为一体，泡饭的水和米并没有完全融合。吃粥时不用费力咀嚼，肠胃就可以消化吸收，但是吃泡饭需要用牙齿嚼烂，胃才能吸收。然而泡饭和粥的口感接近，很多小孩偷懒咀嚼两下就吞下肚，没有咬碎饭粒就会增加肠胃的负担。

野菇海鲜汤

综合多种食材，汤头鲜甜爽口，丰盛汤料更具饱腹感。

材料

鲷鱼 50 克、丁香鱼 50 克、虾 20 克、
鱼板 20 克、菇类 20 克、豆腐 20 克、
鱼骨高汤 500 毫升、盐少许。

做法

1. 将菇类切段、豆腐切块。
2. 鲷鱼、丁香鱼洗净氽烫过。
3. 鱼骨高汤煮开，加入鲷鱼、丁香鱼、
   虾、鱼板、菇类、豆腐。
4. 水沸后再以少许盐调味即可。

★ 温馨提示 ★

丁香鱼钙质多多，苋菜的细软口感富含纤维又易消化，适合喜爱清淡口味的宝宝哦！

171

野菇牛肉片汤

菇类是保健好食材！极适合炖煮汤品，清淡又有风味。

材料

牛肉片 100 克、菇 50 克、白菜 50 克、枸杞少许、牛骨高汤 500 毫升、盐少许。

做法

1. 将菇类切段、白菜切小片备用。
2. 牛肉片洗净氽烫过，再处理成小块备用。
3. 高汤煮开，加入菇类、白菜。
4. 再次煮开后，最后放入牛肉块，再以少许盐调味即可食用。

★ 温馨提示 ★

牛骨高汤做法

1000 毫升的水加入氽烫过的牛骨，熬煮 30 分钟后将杂质滤掉即完成。

金针菇海菜汤

添加海带芽的甘醇汤头，搭配高纤蔬菜及嫩滑豆腐，口感变化多。

材料

玉米笋 20 克、山药 20 克、金针菇 50 克、豆腐 30 克、枸杞少许、海带芽少许、高汤 500 毫升、盐少许。

做法

1. 将玉米笋切段、山药削皮切块、豆腐切块。
2. 高汤煮开，先加玉米笋、豆腐、枸杞，煮 15 分钟。
3. 续加山药、金针菇、海带芽。
4. 以少许盐调味，水沸后关火即可。

★ 温馨提示 ★

吃山药会"性早熟"？有些家长看到菜单内容有添加山药都会紧张地询问，其实这样的疑虑缺乏全面了解，山药内含的植物激素，进入人体后会转化成黄体素，加上其他多种氨基酸，让山药被誉为提高人体免疫力、维护身体组织功能的优质食物。

至于植物激素，对宝宝的发育是否有催熟的负面作用？答案是必须大量且持续食用。明白这一点，家长就可以宽心看待，让宝宝多方尝试各种食材，只要记得任何一种食物都不要大量且单一地每天摄取，就能避免问题了。

味噌鱼片汤

鱼片可选鲷鱼片，刺少、肉质细嫩，融入少许味噌，更能引发食欲。

材料　鲷鱼片100克、豆腐50克、鱼骨高汤500毫升、海带芽少许、味噌少许。

做法
① 将豆腐切丁备用。
② 海带芽泡开氽烫。
③ 鲷鱼洗净氽烫过。
④ 鱼骨高汤煮开，加入海带芽、豆腐，和少许味噌。
⑤ 再次煮开后放入鱼片，肉熟即可食用。

元气鸡腿肉汤

根茎类蔬菜很适合炖汤，饱含营养且口感松软。

材料　鸡腿肉100克、山药少许、胡萝卜少许、白萝卜少许、豆腐少许、鸡腿骨高汤500毫升、盐少许。

做法
① 将山药和豆腐切丁备用。
② 胡萝卜、白萝卜削皮切块。
③ 鸡腿肉切块氽烫备用。
④ 高汤煮开，加入胡萝卜丁、白萝卜丁、豆腐和山药。
⑤ 再次煮开后，最后放入鸡腿肉，加少许盐调味，待肉熟即可食用。

清炖红枣牛肉片汤

3岁以上 ｜ 维生素A和C ｜ 养生保健

红枣有助吸收铁，搭配牛肉炖汤是最佳拍档。

材料 牛肉片 100 克、豆腐 30 克、白萝卜 30 克、菇类 30 克、海带芽少许、红枣少许、牛骨高汤 500 毫升、盐少许。

做法
1. 白萝卜削皮切丁、菇类切段、豆腐切块。
2. 牛肉片汆烫过备用。
3. 高汤加入红枣，煮 5 分钟后，红枣捞起去籽，枣肉切碎后丢回汤内。
4. 再加入①后，熬煮 20 分钟。
5. 最后放入牛肉片、海带芽，加少许盐调味，煮开肉熟后即可食用。

苋菜丁香鱼汤

3岁以上 ｜ 多种维生素 ｜ 帮助发育

苋菜因营养丰富，又名长寿菜，炖煮得愈软烂愈好吃。

材料 丁香鱼 50 克、苋菜 50 克、枸杞少许、鱼骨高汤 500 毫升、盐少许。

做法
1. 将苋菜切小段备用。
2. 丁香鱼洗净汆烫备用。
3. 高汤煮开，加入枸杞、丁香鱼。
4. 最后放入苋菜，加少许盐调味，再次煮开即可食用。

食品安全风暴下，大家都尽量避免外食，但每天要准备三餐有时候也是压力，特别是双薪家庭的父母该如何更有效率地打理宝宝餐？除了前面的快速汤品之外，还可以利用假日准备几道配饭的主菜，搭配现炒的新鲜蔬菜，就可以轻松开动啰！

- 调味量：重调味＝7分咸
- 喂食建议：配菜，需另备白饭和面
- 适用年龄：3～5岁

冰酿卤猪

3岁以上 ｜ 维生素C和锌 ｜ 提高免疫力

白萝卜富含膳食纤维，搭配猪脚可解腻助消化。

材 料

猪肉500克、白萝卜200克、蒜头20颗、酱油2大茶匙、冰糖2大茶匙、水500毫升。

做 法

1. 白萝卜削皮切丁。
2. 蒜头去皮装在滤袋中。
3. 水加入酱油、冰糖及蒜头，先熬煮20分钟。
4. 放入猪肉丁，熬到筷子可插入，代表肉熟软。
5. 取出蒜头即完成。

小叮咛

酱油少许即可，主要是取它的香气和色泽。过程中如果水收干了需要再加水，避免煮焦。

金鸡咖喱烩料

咖喱不只是香料，还有助消化、增进食欲及驱寒等功效。

材 料

洋葱少许、马铃薯 100 克、胡萝卜少许、鸡腿肉 100 克、咖喱 50 克、太白粉少许。

做 法

1. 洋葱、马铃薯与胡萝卜去皮切小丁备用。
2. 马铃薯及胡萝卜烫熟备用。
3. 鸡腿切小块。
4. 太白粉加入少许水（约 1：2）搅匀备用。
5. 热锅，加入一匙油，放入洋葱拌炒、再加入马铃薯、胡萝卜等，炒到软熟为止。
6. 加入鸡腿肉和咖喱块拌炒，直至肉熟入味。
7. 起锅前，酌量加入太白粉水勾芡，即可食用。

★ 温馨提示 ★

　　与 18 个月的宝宝餐不同，这里的咖喱烩料不但调味量稍微增加，肉块和根茎蔬果的处理也可以切得更大块，增加幼儿咀嚼能力的训练。

蚝油牛腩烩料

3岁以上 富含牛磺酸 有助智力发育

口感浓稠中带鲜甜，让豌豆、胡萝卜也能轻易被宝宝接受。

材料 洋葱少许、胡萝卜少许、豌豆少许、牛腩100克、蚝油少许、太白粉少许。

做法
1. 洋葱、胡萝卜削皮切丁，豌豆氽烫过备用。
2. 牛腩切小块，氽烫后备用。
3. 太白粉加入少许水（约1：2）搅匀。
4. 热锅后加一匙油，先放入1和蚝油拌炒。
5. 加约200毫升水，放入2煮至软熟，起锅前酌加太白粉水即可。

咖喱牛腩烩料

3岁以上 富含蛋白质 修复组织

炖煮软嫩的牛腩，融合香浓的咖喱，让宝宝食指大动。

材料 洋葱少许、马铃薯100克、胡萝卜少许、牛腩100克、咖喱50克、太白粉少许。

做法
1. 洋葱、胡萝卜、马铃薯等，去皮切丁备用。
2. 牛腩切小块，氽烫后备用。
3. 太白粉加入少许水（约1：2）搅匀。
4. 热锅后加一匙油，先放入1和蚝油拌炒。
5. 加约200毫升水，放入牛腩和咖喱块煮至软熟。
6. 起锅前酌加太白粉水勾芡即可。

茄汁野菇肉酱

菇类口味清淡，加入茄汁肉酱，可提高食欲、补充营养。

3岁
以上

糖类
及纤维

供给
热量

材 料

胡萝卜少许、洋葱少许、菇类少许、
猪里脊肉末 100 克、番茄酱 50 克（可
自行熬煮）、糖少许。

做 法

1. 胡萝卜削皮切丁，洋葱去皮切丁，
   菇类切小丁。
2. 热炒锅，加一匙油，放入洋葱及绞
   肉拌炒至肉熟。
3. 加入番茄酱及 100 毫升左右的水，
   煮至沸腾。
4. 放入洋葱、菇类、胡萝卜丁及少许
   糖煮至入味，即完成酱料。

★ 温馨提示 ★

肉酱可以用来拌饭或面条。食用时不妨再氽烫一些绿色蔬菜搭配，丰富的色彩可促进宝宝食欲，也让营养摄取更均衡。

冰酿卤牛腩

入味的软嫩肉块搭配吸饱卤汁的萝卜，口感更丰富。

材料 牛腩500克、胡萝卜200克、姜少许、酱油2大茶匙、冰糖2大茶匙、水500毫升。

做法
1. 胡萝卜削皮切丁。
2. 牛腩切小块，余烫过备用。
3. 姜爆香，放入牛腩炒至外表变色。
4. 锅中加水、酱油、冰糖，熬煮20分钟，熬到筷子可插入牛腩，即代表牛腩已熟软。

超元气猪脚

适量油脂摄取，为发育中的大孩子补给热量。

材料 猪脚500克、白萝卜200克、酱油少许、冰糖少许、肉骨高汤500毫升。

做法
1. 白萝卜削皮切丁。
2. 猪脚切小块，余烫过备用。
3. 高汤加入酱油、冰糖，熬煮20分钟。
4. 放入猪脚，熬到筷子可插入，即代表肉已熟软。

小贴士 这道口味比冰酿卤猪清淡，调味较少。

这个阶段的幼儿活动量大，正餐之外，也需要补充点心，这里所指的"点心"不是零食，而是营养又有饱腹感的食物。既要满足孩子的热量需求，又不能影响到正餐的食欲，面食或是饭团的分量是不错的选择。

◎ 调味量：重调味＝7分咸或7分甜　◎ 喂食建议：主食或点心
◎ 适用年龄：3～5岁

菠菜奶香鸡腿肉意大利面

以鲜奶为主要基底，每一根面条都吃得到浓郁饱满的幸福滋味。

材料

鸡腿肉100克、菠菜少许、洋葱少许、菇类少许、奶油少许、鲜奶300毫升、意大利面条100克、盐少许、太白粉少许。

做法

❶ 洋葱去皮切丁、菇类切小丁备用。

❷ 菠菜切小段、鸡腿肉切小段备用。

❸ 太白粉加入少许水（约1∶2）搅匀备用。

❹ 热锅后加入奶油，再加入❶拌炒，接着倒入鲜奶，转至小火煮沸。

❺ 放入鸡肉丁后加少许盐，等酱汁沸腾，肉煮到熟透后加入太白粉水。

❻ 另备一锅水，煮沸后投入意大利面，煮约5分钟后捞起（试吃确定已熟软），可加几滴橄榄油，以免熟面黏糊，再将❺淋在煮熟的面上拌匀即完成。

菠菜奶香牛腩意大利面

菠菜有点草涩味，可借着奶香酱汁加分，
减少宝宝的排斥感。

3岁以上　富含叶酸　帮助神经发育

材料

牛腩 100 克、菠菜少许、洋葱少许、菇类少许、奶油少许、鲜奶 300 毫升、意大利面条 100 克、盐少许、太白粉少许。

做法

1. 洋葱去皮切丁、菇类切小丁备用。
2. 菠菜切小段备用。
3. 牛腩切小块。
4. 太白粉加入少许水（约 1：2）搅匀备用。
5. 热锅，加入奶油。
6. 放入切丁的洋葱和菇类拌炒。
7. 倒入鲜奶，转至小火煮沸。
8. 放入牛腩，加少许盐调味，等待酱汁沸腾，肉煮到熟透后加入太白粉水勾芡。
9. 另备一锅水，加水煮沸后投入意大利面，煮约 5 分钟后捞起（试吃确定已熟软），可加几滴橄榄油，避免熟面黏糊。
10. 把 8 淋在煮熟的面上，拌匀食用。

菠菜奶香肉片意大利面

浓稠的酱汁让肉质变得滑嫩，面条搭配多种蔬菜更有饱腹感。

3岁以上　多种矿物质　巩固骨质

材料

猪肉（以松阪猪肉为佳）100克、菠菜少许、洋葱少许、菇类少许、奶油少许、鲜奶300毫升、意大利面条100克、盐少许、太白粉少许。

做法

1. 洋葱去皮切丁、菇类切小丁备用。
2. 菠菜切小段、猪肉切小块备用。
3. 太白粉加入少许水（约1：2）搅匀备用。
4. 热锅，加入奶油。
5. 放入切丁的洋葱和菇类拌炒。
6. 倒入鲜奶，转至小火煮沸。
7. 放入猪肉，加少许盐调味，等待酱汁沸腾，肉煮到熟透后加入太白粉水勾芡。
8. 另备一锅水，加水煮沸后投入意大利面，煮约5分钟后捞起（试吃确定已熟软），可加几滴橄榄油，避免熟面黏糊。
9. 把⑦淋在煮熟的面上，拌匀食用。

花生芝麻甜心饭团

用软米饭取代糯米制成的低糖饭团，非常适合当点心。

材 料

花生粉 30 克、芝麻粉 30 克、桂圆少许、冰糖少许、米饭 100 克。

做 法

1. 米（水米的比例 1：1）煮熟成软饭。
2. 桂圆肉切成细末。
3. 将新鲜的花生粉、芝麻粉、桂圆末和冰糖拌入刚煮熟的软饭。
4. 放凉后，再分别捏成汤圆大小，即可当点心食用。

★ 温馨提示 ★

饭团可以一次多做几个，然后用保鲜盒冷冻保存，要吃的时候再用电炖锅蒸热即可；微波炉也可以，但微波是利用水的共振频率，食物的水分容易流失，加热后最好尽快食用，否则变硬会影响口感。

芋香红豆甜心饭团

根茎和种子是食材精华，两个搭档让健康更加分。

材 料

芋头 30 克、红豆 30 克、冰糖少许、米饭 100 克。

做 法

1. 米（水米的比例 1∶1）煮熟成软饭。
2. 红豆浸泡煮熟，搅打成豆泥。
3. 芋头削皮切块，蒸熟压成芋泥。
4. 将豆泥、芋泥和冰糖拌入刚煮熟的软饭中。
5. 放凉后，再分捏成汤圆大小，即可当点心食用。

★ 温馨提示 ★

1. 新米比较软，旧米水加多一点。
2. 用米煮成软饭揉成的甜饭团，可取代难消化的糯米，妈妈们也可以发挥创意，将饭团捏制成可爱的形状，外出时方便携带，又能增加吃饭的乐趣。

宝宝过敏、便秘、腹泻、长牙，该怎么吃？

	注意事项	周岁	一岁半
过敏宝宝	❶ 避免使用高敏食材。 ❷ 以单一食材的食物泥或粥品为主。 ❸ 以白米为主，避免豆、奶、蛋。 ❹ 避免使用鱼肉海鲜，特别是红肉鱼和有壳类。 ❺ 减少调味。	• 水果泥 • 根茎食物泥 • 根茎食物粥 • 蔬菜泥 • 蔬菜粥	• 米糊 • 海带高汤 • 猪肉蔬菜粥 • 鸡肉烩料
便秘宝宝	❶ 多摄取高纤蔬菜水果。 ❷ 每天轻轻按摩几次宝宝的腹部，刺激肠胃蠕动。 ❸ 多吃地瓜、南瓜、甜菜根和菇类等。	• 水果泥 • 根茎食物粥 • 蔬菜粥 • 肉汤	• 根茎食物泥 • 蔬菜泥 • 燕麦米糊
腹泻宝宝	❶ 摄取白粥、单一食物泥或米糊类，让肠胃休息。 ❷ 少量多餐，因为进食会刺激肠蠕动，加剧腹泻。 ❸ 口味清淡。 ❹ 少油脂，以汆烫为主，不放油、盐、糖等调味。 ❺ 避免添加奶制品。	• 水果泥 • 根茎食物粥 • 蔬菜高汤 • 蔬菜炖饭 • 瘦肉粥	• 根茎食物泥 • 燕麦米糊 • 苋菜丁香鱼汤 • 白饭或线面
长牙宝宝	❶ 多喝水，预防发热。 ❷ 多选放凉后口感还是好吃的食物。 ❸ 食物煮软烂一点。 ❹ 建议使用干净手指套，帮宝宝轻轻按摩红肿的牙肉，可以减缓疼痛不适。 ❺ 喂奶或用餐后，记得用纱布巾蘸开水轻轻地清洁牙龈和乳牙。	• 水果泥 • 根茎食物泥 • 根茎食物粥 • 燕麦米糊 • 蔬菜炖饭	

这里的"过敏宝宝"是指过敏症状发作的特殊时期，而非指过敏体质的宝宝。当症状出现时，应以减缓恶化为主，尽量禁绝所有可能让过敏更严重的食物。每个"过敏宝宝"的体质与情况略有不同，需经过专业医师诊断并听取建议，摄取辅食应以少量为原则，观察宝宝的过敏状态是否增加或减缓后，再判断是否继续喂食。

1岁以内宝宝每日食品摄入量参考表

月龄	1	2	3	4	5	6	7	8	9	10 ~ 12
母乳喂养	按 需 哺 乳									
配方奶人工喂养（毫克 / 千克体重）	100	110	110	110	110	115	120	90	90	80
蔬菜汁或果汁（毫升）		30	60	60	90	90	90			
米糊（克）				15	30	30				
蛋黄（个）					1/4	1/2	1			
粥或烂面（克）							15	45	60	30
蔬菜泥或碎菜叶（克）						15	20	25	30	50
蒸蛋（只）							1/2	1	1	1
鱼泥（克）								25	25	
饼干或面包片（片）							1	2	3	4
肉末或肝泥（克）									25	50
软饭（克）										30
水果（个）						1/2	1/2	1	1	1

　　以上为1岁以内宝宝每日食品摄入量参考表，仅供新手爸妈们参考，每个宝宝的体质不同，食量也有差别，所以不必拘泥于此表。如宝宝属易过敏体质，则蛋类晚些再加，待10个月后从熟蛋黄开始尝试，12个月以后才能摄取整个蛋。

　　1岁以后的宝宝应以炖饭、面食、碎肉等为主，尽量让食物多样化，保证营养均衡。

宝宝所需营养素一览表

营养素	富含物质	作用
蛋白质	奶、蛋、肉、鱼、豆类	促进生长发育，提高免疫功能，合成红细胞
维生素 A	乳类、肉类、蛋黄、肝脏、全谷类	维持正常的视觉功能，促进骨骼和牙齿的正常生长，维护上皮组织正常功能，抗感染
维生素 B$_1$	乳类、蛋黄、肉类、肝脏、全谷类	帮助消化，增强记忆力，促进成长
维生素 B$_2$	乳类、肝脏	促进发育和细胞的再生，保护视力，预防和消除口腔内、唇、舌及皮肤的炎性反应
维生素 B$_6$	全麦制品、小麦胚芽、猪肝	参与脂肪和糖类的代谢，可预防贫血，促进智力发育
维生素 B$_{12}$	贝类、肝脏、鱼类、瘦肉、藻类	可预防贫血，促进生长发育，增强记忆力及平衡感
维生素 C	深绿色蔬菜、柑橘类水果、草莓、西红柿、番石榴、猕猴桃、木瓜、芒果	形成骨骼与牙齿生长所需的胶原，促进伤口愈合，提高免疫力，促进铁吸收，预防贫血
维生素 D	鱼肝油、蛋黄、鱼类、香菇、肝脏、乳类	促进钙、磷的吸收和利用，帮助骨骼钙化与正常发育
维生素 E	小麦胚芽、植物油、豆类、全谷类	抗氧化保护机体，改善脂质代谢，预防溶血性贫血，促进凝血功能
维生素 K	深绿色蔬菜、植物油	促进血液凝固，参与骨骼代谢
叶酸	深绿色蔬菜、豆类、瘦肉、肝脏	参与红细胞的制造，预防贫血和生长发育迟缓，保护黏膜

营养素	富含物质	作用
泛酸	肝脏、蛋、瘦肉、鱼类、牛奶、乳酪	促进脂肪、糖类和蛋白质的代谢，有助抗体形成
烟酸	肝脏、糙米、全谷类、乳类、蛋、瘦肉	促进血液循环，提高记忆力，消除疲劳，帮助睡眠
钙	乳类、鱼类、海带、深绿色蔬菜、豆类	促进儿童生长发育，稳定情绪，帮助睡眠
磷	蛋、鱼类、肉类、全谷类	参与骨骼和牙齿的构成
铁	蛋黄、肝、燕麦、乳类、海藻类	是血红蛋白的重要组成部分，促进发育，增强免疫力
镁	深绿色蔬菜、五谷类、坚果类、瘦肉、乳类、牡蛎、海苔、豆类	参与骨骼的构成，帮助钙质吸收，稳定情绪
锰	深绿色蔬菜、水果、全谷类、豆类	预防骨质疏松，提升免疫力，改善造血功能，保持正常脑部功能
锌	海鲜、肉类、肝脏、生姜、小麦胚芽、坚果类	提高免疫力，促进生殖器官发育与伤口愈合
铜	肝脏、虾蟹贝类、全麦食品、瘦肉、蘑菇、杏仁、豆类	促进骨骼发育和红细胞形成，帮助伤口愈合
钴	肝脏、肉类、贝类、海带、紫菜	维生素 B_{12} 的组成部分，与维生素 B_{12} 一起帮助红细胞形成
钾	干海带、紫菜、豆类、乳类、水果	参与糖、蛋白质和能量的代谢，维持正常血压，保护心肌功能
卵磷脂	豆类及其制品、蛋黄、内脏、全麦食品	构成细胞膜的主要物质，可保护细胞免受伤害，有助于脂溶性维生素的吸收

儿童计划免疫接种程序表

种类 时间	卡介苗 结核病	脊髓灰质炎 疫苗 脊髓灰质炎	百白破疫苗 白喉、百日 咳、破伤风	麻疹疫苗 麻疹	乙脑灭活 疫苗 乙型脑炎	乙肝疫苗 乙型肝炎
出生	1针					第1针
满月						第2针
2月		第1次				
3月		第2次	第1针			
4月		第3次	第2针			
5月			第3针			
6月						第3针
7月						
8月				第1针	第1、2针 （间隔7～ 10天）	
1.5～2岁			第4针	第2针	第3针	
4岁		第4次				
6岁			（白破） 1针		第4针	

190